Wooden man

木头人

大 宇 编著

江苏凤凰科学技术出版社

图书在版编目（CIP）数据

木头人 / 大宇编著. -- 南京 ：江苏凤凰科学技术出版社，2018.12
ISBN 978-7-5537-9689-5

Ⅰ. ①木… Ⅱ. ①大… Ⅲ. ①手工－木工－基本知识 Ⅳ. ①TS656

中国版本图书馆CIP数据核字(2018)第220889号

木头人

编　　著	大　宇
项目策划	凤凰空间／郑亚男　苑　圆
责任编辑	刘屹立　　赵　研
特约编辑	苑　圆
出版发行	江苏凤凰科学技术出版社
出版社地址	南京市湖南路1号A楼，邮编：210009
出版社网址	http：//www.pspress.cn
总　经　销	天津凤凰空间文化传媒有限公司
总经销网址	http：//www.ifengspace.cn
印　　刷	北京博海升彩色印刷有限公司
开　　本	710 mm×1000 mm　1／16
印　　张	6
版　　次	2018年12月第1版
印　　次	2018年12月第1次印刷
标准书号	ISBN　978-7-5537-9689-5
定　　价	48.00元

图书如有印装质量问题，可随时向销售部调换（电话：022-87893668）。

CONTENTS
目录

01

A BRIEF INTRODUCTION OF THE AUTHOR

不会滑雪的水手不是好木匠

——1个狂奔在颠覆传统木工路上的人

A BRIEF INTRODUCTION OF THE AUTHOR

不会滑雪的水手不是好木匠

—— 1 个狂奔在颠覆传统木工路上的人

“大宇，有出版社找你约稿想出本关于木工的书呢！”

“什么？开什么玩笑……”

是的，似乎这就是故事的开始，直到出版社的编辑真的飞到济南坐在我面前拿着合同认真地找我谈起这本书，我才当回事去认真地考虑要不要做这件事，该怎么做这件事。

出版社的原计划是出一本关于木工的轻工具书，让人了解木工相关的工具，了解如何通过几个步骤做出一个小物件。左思右想，我觉得那真的挺没必要的，那一类的书太多了，顶尖的大师有的是，我——一个刚刚玩了三年木头的孩子，似乎真的担当不起。

然而另一个念头在这时候悄然而生，我自认是一个非常热爱生活的人，那大抵是因为 21 岁独自开车上路周游全国，打开了整个世界的大门，了解了这个世界竟然可以那样精彩，形形色色的人可以活得那么不一样，自己也进而像 " 开了挂 " 一样活出了这十几年自己想要的样子。

那么，如果通过这本书去讲讲我和身边这些玩木头的人，通过我们这样一个小小的群体视角管中窥豹，让更多的人了解到是怎么样的一群人，为了什么在玩木头，进而更加热爱生活，更明白生活不单单是为了活着。这岂不是一件积德行善的美事？算是一个自我小结——从满世界旅行，尝试各种极限运动到这三年拿出大把时间和精力玩木头来的一份总结吧。

老话讲得好，从小看大，那么故事就从我还是小孩子的时候说起吧。

从小在孩子们里面我就是一个异类，觉得别的小朋友都很幼稚。绝大多数小朋友都很听话，而我是标准的“刺儿头”学生，比如凡事都喜欢讲讲道理，问几个为什么！我常问：大人就一定是对的吗？为什么一定要听大人的话？为什么要让我写那么多作业？都放学了我第一个窜出来为什么还要等着那些磨蹭的小朋友一起排队出校门？我每天都玩得挺开心却为什么只表扬考试成绩好的小朋友？尤其是我数学成绩从小特别不好就是因为一道应用题，题目大概是这样的，有一个的游泳池，进水速度是每小时多少，出水速度是每小时多少。如果进水管和出水管同时打开，多久能排空池子里的水？当时我确实是崩溃的，为什么要同时开着？不管多久，这样不浪费水吗？所以我义正词严地拒绝了做这个题，然后……数学成绩一直到最终离开高中都很稳定的名列“后”茅。

不继续“自黑”了，估计现在见到小时候的自己，有可能，是很有可能一巴掌“呼死”眼前那个小子。有个成语叫作自食其果，是的，一想到如果未来自己会有一个像自己小时候一样的儿子……背后一阵发凉。我真的由衷地佩服并感激我的父母，他们是怎么坚强地活到我长大成人，懂事以后……

转眼间我上大学了，由于外公爷爷他们老一辈的观念，男孩子必须在部队这个大熔炉里历练一番，

我进入了军校。但是那个不安分的我依旧还是那个不安分的我，大一下半学期靠 6000 元白手起家开始创业，依旧觉得同学们都很幼稚（小时候觉得谁都幼稚也真是幼稚到家了）。我在大学二年级顺利地赢得了和母亲的约定——只要能拿到学位证和毕业证就可以离开校园，进而正式踏入社会开始了商海鏖战的岁月。其中的喜怒哀乐、酸甜苦辣此处省略一万字，毕竟这不是七十岁干不了别的事情的时候在写的回忆录。这里必须补充一句，感谢无私爱我同我讲道理并无条件支持我的父母纪教授和房教授，是他们的大智慧成就了后来的我。

踏入社会我一个跟头栽地上，也了解到生意不是那么好做的，我赔光了全部积蓄然后去国企上班，值得骄傲的是我真的很努力，很快从工资 1600 元每月的小小销售员，做到总裁助理的位置。这时候我又觉得无聊了！因为大学还没有毕业，不可能做到独当一面的副总，也因为从小优质的家教处理事情面面俱到，老板每天安排的都是应酬，未来 5 年的光景，几乎一眼便知！此时，耳畔回荡着许巍那首歌“曾梦想仗剑走天涯，看一看世界的繁华”，我总在踌躇，难道我的青春就应该是这个一成不变的样子？

这时候，我生命中一位贵人出现了——大冰！就是大家现在熟知的那个“野生”作家大冰。有一天，我们一起吃烧烤，他看我神色迷茫，说：“大宇，要不要跟我去丽江散散心？”喝着冰爽的扎啤他给我讲了好多那里的人和事。他讲的时候我能看到他眼里的光，我说冰哥我干了你随意，顺着那杯酒他眼里那道光也一直淌进我心底！没过几天我请了半个月的年假，跟着大冰出发了！

那是 2008 年，丽江还没有那么商业化，随处可见形形色色有着神奇经历的人，还有一群一群生机勃勃、意识超前的年轻“驴友”。每天下午跟着大冰和一群姑娘逛古城，坐在大石桥弹着吉他，打手鼓卖唱，晚上泡在大冰的小屋围着火盆听来自全世界的朋友讲故事，听那些民谣歌手唱心中的歌，饿了就去老兵哥那里吃着烧烤喝着他自己酿的樱桃酒。21 岁的我，真的醉在那里了！这些人怎么可以活得那么精彩绝伦那么独树一帜！用前一阵很流行的说法，世界那么大，我必须去看看！短暂的假期就像眨了一下眼睛一样——瞬间到期了，临走我放下一句话，哥哥姐姐们，给我一个月，等我回来！

回到济南说完自己的决定，我顶着所有人的不解甚至责骂，交接工作、递交辞呈，收拾行李、改装汽车。半个月后，从未开车上过高速的我，颤抖而笃定地背着吉他回家给妈妈唱了一首汪峰的《彼岸》，扭头便踏上了浪迹天涯之旅。我知道全家人都哭成了泪人儿，但是就像歌词里面唱的：

妈妈我不想伤害你　我不想　让你哭
原谅我　我还太年轻　有许多事会做错
你知道我一直要的　不是这个角落
我会找到一个方向　我会去另一个地方
我还会是你的骄傲　值得拥抱

这一出发就是一年的光景，我开着自己那台小旅行车走了大半个中国，在丽江和一个名叫螃蟹的兄弟拿下一个院子开了一个叫作 Daydream 的酒吧 。又认识了无数全国乃至世界各地的朋友，直到现在，遍天下的朋友里多数都来自那段岁月里结下的真挚友谊，比如深圳的叶子和顽主，比如杭州的可笑和崔磊等。一眨眼那段岁月已经过去 10 年之久。大家现在各有一片天地，或是在自己的领域大有作为，或是把自己的小日子活成了诗，甚至那个认识以后说我就像小时候的他一样的哥哥吴博，俨然已经是

我生命中除了父母之外最重要的人之一，就像灯塔一样指引着我的人生路该如何航行。

我的骨子里还是有着强烈上进心的！大概一年的漂泊之后我决定转让丽江的院子，重整旗鼓回城市继续商场厮杀！在这里我想跑题给螃蟹说句话，兄弟，无论你是否会看到这本书，我郑重为当年突然离去的决定向你道歉，无论你能否理解，我知道我有属于自己的使命。我们在丽江共同度过的那些岁月，哪怕已经过去十年了，每每想起来恍如昨日，但是我必须启程往下一站出发！原谅我违背了当年我们要把 Daydream 开到世界无数个神奇地方的诺言。

人生根本不是想象中那么一帆风顺，生意起起落落，在这个过程中我几次赚到很多钱，又几次血本无归。值得庆幸的是读了万卷书又早早行了万里路，还那么幸运地拥有一大批“仙人”指路的我，越来越懂得生活的真谛并不单单是为了活着，而是要把生活过成自己想要的样子。

滑雪，就是我生活中不可分割的一部分。

大概是刚离开大学校园那年的冬天吧，在一群年轻人里突然就流行起了滑雪。还记得那是一个周末和最铁的两个兄弟刚子、球儿，还有一帮朋友相约去南部山区滑雪，我抱着对新鲜事物极大的好奇心加入到队伍中，兴奋不已。然而作为零基础初学者跟着一帮会滑的人，我一上来被无情地嘲讽也是在所难免啦！

“怎么滑啊，是不是这样站，有没有个教练教教我？”

“哥们儿你甭管那么多了，跟我们上山自然就会了！”

然后……呃，可想而知有多惨，用了几个小时的时间都没有上去。那个拉我上山的东西叫拖牵，它让我看清了人生，原来往上走的路可以摔得那么五花八门、千奇百怪、惨不忍睹。上去以后如何下来嘛，那更要发挥想象力了，那根本不是一个“糗”字可以形

容的。一上来没有任何过渡就直接上的单板，没学过的我是站都站不起来，更别说滑行了！以现在的水平看那么短的距离那么缓的坡，打个雪仗也不够更别说滑雪了，但在那时简直就像被空投到阿尔卑斯山脉的勃朗峰一样绝望！

我是一个背后植着傲骨、永远不服输的人，觉得没有什么是努力做不到的！练喽！

从那以后，滑雪的装备就一直在后备厢里了。周末有时间我都泡在滑雪场，晚上没有事儿为了滑上一两个小时也往滑雪场窜。就这样年复一年跑的地方越来越远，技术也是水涨船高。大概 5 年前我就已经不满于国内的滑雪条件，开始年年往外跑去滑世界顶级的雪场，体验各种野雪、深粉雪！比如日本的二世古滑雪场，是全世界粉雪爱好者的天堂，我每年必组织一帮朋友去滑上十天八天。在滑雪场和刚子、杨子、球儿还有大琳琳一起元旦跨年也成了每年无须再商议的必选出行计划之一。现在对我来说，滑雪已经不单单是一项爱好，而是生活中不可分割的一部分，不追求技术和花样，而是在雪山脚下住下，每天轻轻松松地滑上几趟，享受在雪山上飞驰的惬意，享受极限运动那份酣畅淋漓的刺激与畅快，享受大雪山给心灵带来的净化。中午在山顶看着雪山吃碗拉面啃个炸鸡，晚上与各地的雪友把酒言欢，我每每感觉整个人都满足了！当然，追求还是有的，比如去年刚刚开始做准备的直滑，坐直升机被送到完全没有人迹的比如阿尔卑斯山脉的某个山峰然后一跃而下，征服那一片白茫茫的虚无，如果幸运，再领着一片小雪崩飞奔而下与大自然的鬼斧神工切磋上几招！这已经是我下一步的挑战目标了！

有句话大家应该都听说过，身边的人会影响你的命运。这话真的不假，大概六年前，跟着我灯塔一般存在的男神哥哥顽主，接触到了令我更着迷的一项运动——航海。

记得我第一次出远航是和他一起从香港提了船，开去三亚参加“环海南岛杯国际大帆船赛”。你知道第一次出海就在海上飘 70 个小时是什么感觉吗？可以非常负责任地说，那是求生不得求死不能的感觉。

天刚蒙蒙亮，几个经验都不足的新水手驾着船雄赳赳气昂昂地驶向无边无际的公海。我很亢奋，激动地在船头甲板上做俯卧撑，想象着自己勇敢地拥抱大海，挑战生命中又一块完全未知的领域！时间一点一点流逝了 8 个小时左右，呃，似乎感觉不对了！头疼，脑壳好像裂出一个小缝儿，胃里翻江倒海，我意识到自己开始晕船了，与此同时还意识到一个更可怕的问题，行程还有至少 60 个小时。剩下这 60 个小时就用一句话描述好了，歪在甲板上根本爬不起来，眼前一片汪洋，脑后还是一片汪洋，那种痛苦、又没有任何办法的绝望和无助几乎淹没了我的全部意识。几十个小时里根本吃不下任何东西，喝点矿泉水全吐出去了。现在想想我已经不记得是怎么挺过炼狱般的那 60 个小时，听说大脑出于生理保护的本能会刻意地忘掉特别痛苦的经历，我想这也是我现在记不清很多具体细节的原因吧。但是值得庆幸的是经历完这一场洗礼，我便如浴火重生的凤凰一般，再也不轻易晕船了！为以后的水手生涯，打下了正常情况下根本不敢奢望的牢固基石。

从那以后的这些年里，比如像“中国杯帆船赛”之类国内的大型帆船赛事，几乎都留下了我们这一船人的身影——一群来自全国各地、从事各个行业、但都热爱大海的男人的身影。

大帆船航海这件事对于大众来说可能比较遥远，简单说就是十来个人驾着一条完全靠风为动力的帆船航行的运动。足球为什么令人着迷？因为紧密的团队配合才能成就所有人。赛车为什么令人着迷？因为那种风驰电掣的速度给人带来的强烈刺激。围棋为什么令人着迷？因为棋局的未知与变幻莫测需要每一步都运筹帷幄。那么帆船，便包含了以上所有令人着迷的要点，并且在风云变幻、波涛汹涌的大海上，挑战来得更直接、更强烈！每一次比赛，上百条船在一个小小的海域同时出发，一群人掌着几张帆乘风破浪，来自全世界的顶尖高手在一小块海面上斗智斗勇，需要绝非一般人的智慧和勇气！

静下来的时候航海带给人的完全又是另一番感受！我记得那是 2013 年的“司南杯”国际大帆船赛，我们远航到西沙群岛界碑。我当时的日记是这样写的：“4 天的西沙群岛航行，有人记住了灯塔，有人记住了海钓，还有人记住了珊瑚，是的这里的它们美得无可挑剔。而在我心中深深记住、挥之不去的是甲板上空无法记录的满天繁星，干净、深邃，甚至可以说是迷幻。就这样漂在大海中央，身边什么都没有，伴着海浪轻轻地拍，伴着风啪啪呼打着头顶的帆，我呆呆地躺在甲板上，看了一整夜星空。”这样的美，镜头无法拍摄得出，本子上也无法用言语形容得出。

关于航海和帆船可以说的真的太多太多，每一段航程，每一支船队，每一位爱海的男人，每一场艰苦卓绝的比赛都精彩到可以支撑起一部完整的电影！代表中国参加航海“劳力士超级帆船杯”的海狼号和小刘哥，才华横溢、出口成诗、还出过大提琴专辑的老船长马爷和他的神马号等，都像熠熠生辉的太阳一般，带给我无限的光和热。用我当年在码头喝酒的时候，听到船圈老大哥邓凡吟的一首描写水手生活的诗来浪漫地结束这一段吧：

平生大智不曾有
愿把大海变美酒

闲来船头迎风坐

一个浪头一口酒！

滑雪和航海都是需要大块时间的户外极限运动，然而作为奋斗青年终日为了事业拼搏的我，小零散时间当然也不能闲着啦。除了工作、吃饭、健身、读书，只要有点小空闲便满世界飞着和朋友聚会，玩各种听到的有意思的东西！风筝冲浪、攀岩、马拉松之类的各种挑战我都尝试了，也拜中国房车锦标赛（CTCC）2017 年韩国站邀请赛冠军刘阳为教练下赛道玩过职业赛车，在直角弯以 120 千米 / 小时的速度撞墙险些车毁人亡；也下海潜过水，一拿到进阶开放水域（AOW）的中级潜水牌照我就奔着极限四十米去，静静地站在大陆坡体验到了那个氮醉却不想回陆地的感觉。用身边朋友的话说，关于好玩、玩命的东西啊只有大家没见过没有大宇没玩过的。我呢也只是微微一笑说句低调低调。其实这才哪到哪啊，身边有那么一群对我碾压式引领前行的朋友们，让我知道这个世界太精彩，好玩的东西太多太多，就算不吃不睡不工作也远远体验不过来。毕竟，人能活到 83 岁也就 30000 多天，既然活着就拼了命的折腾，不枉上苍眷顾送我来这人世间走那么一遭！

话说三年前，我在上海有个叫菜菜的朋友，她算是我的酒友吧！每次朋友聚会几乎都是她和我一直喝到最后，我问菜菜你还能喝吗，她永远都是同一句回答，“再来一瓶吧。”所以我们圈里朋友们都亲切地称呼她“菜一瓶”！她是个很有魅力的姐姐，一个玩遍了全世界的女人！那次她去杭州一周竟然谁都没有约，而且一场酒都没有喝，几天后发了一条朋友圈，几张看起来脏兮兮的照片里面有一把亲手做的牛角椅，还有那种我能看懂的、从心底荡漾出来的傻笑。这勾起了我的好奇心，菜菜可是个见过世面的女人啊，做木工这件事能把她吸引成这样，必定有趣！我立马约了她不日一同去杭州做木工，从此玩木头便占据了我大把的时间，甚至远超过滑雪与航海，直接改变了我的生活方式，让我变成了一个“木头人”。

这一切就从 2016 年 7 月 17 日匠枇社正式开业开始说起吧。

有梦想的人，上帝都会站在你身边。这世界上很多东西诞生之初都只是一个念想，没那么多原因，就比如创立匠枇社这间木工俱乐部。大概去年也是这个时候，我机缘巧合看朋友亲手做了一把极其精美的牛角椅，心动了。我安排妥时间便跑去了杭州，一上手挑战的就是极其高难度的燕尾榫储物盒。这一下不得了啦，人都有征服欲，越有技术含量的活儿挑战起来越是有快感，尤其做木工这件需要高度专注的事儿。为了传说中严丝合缝的精度，我体验到了眼睛变成放大镜、耳朵自动屏蔽杂音，完全忽略时间与空间的神奇境界。几天下来随着学习的深入，对技术、工具的了解，我对木工的态度就四个字形容：欲罢不能。回济南，整个人已废，抱着人生中第一件作品满脑子都是憧憬，端详着哪里还没有做好，思量着还要再做些什么。作为一个生意人，想着想着就想到生意上，木工在北、上、深、杭那么火爆，但济南乃至整个山东竟然都没有，为什么不自己做一家呢？动手！我买来 5 本木工词典，挑灯夜战从零开始积累理论知识；招兵买马，拉来各路能手组建创业团队；满济南地毯式寻找适合工坊建设的房子；设计美观又实用的空间布局；研究透国内乃至全世界几乎能找到的全部先进机械设备，不管会不会用，买来再说；亲自上阵，瓦工、木工、油漆工样样出活儿，在工地加班加点赶工期。最重要的当然是研究各种我能想到的细节，比如把水泥地面整体返工了三遍，为了 5 厘米宽度而整个重新搭建了楼梯等。

现在呈现在匠枇社的一切，我拼了老命用了三个半月时间。整个的过程感慨最深的就是前面那句话：有梦想的人，上帝都会站在你身边的。所有的困难都随着疯狂的努力烟消云散，所有的问题都伴着接踵而至的奇迹迎刃而解。

到开业为止我们大概试运营了 4 个月时间，接待了上千位慕名而来玩木头的顾客，感染了几乎所有前来体验的学员为这里代言。到开业时我确信我们已经准备好了，并且有能力成为行业里最棒的！

我常说一句话，生活不单单是为了活着，只要你来，亲自面对那块好似有生命的木头，亲自执起手中的工具，亲自把时间和执念倾注在这里，制作出对

于你而言全世界独一无二的那件作品的时候，欢迎你热泪盈眶地来给我分享你的成就感。

我一直以来都是抱着玩的心态去做那么一件自己喜欢的事儿，就像滑雪和帆船航海那些极限运动一样，只是有那么一个念想，喜欢就一定要尽全力做到最好！随着匠杺社的正式开业，近百家媒体嗅到了我们在做的事，在几个月里进行了上百场采访和拍摄，瞬间，我和我的匠杺社也就这样火遍了全济南甚至全山东！

还有那几个我联合创始人的出现也让我觉得十分幸运。我有一位小学同学是山东建筑大学的老师，她给我推荐了另外一位同事，也就是后面会详细介绍的韩老师。那是一个阳光明媚的下午，约了他在咖啡厅见面，他到得稍早，我一见到他便认定这应该就是我要的人，穿得很朴素脸长得很“着急”，一脸胡茬，脸上挂着老实人那种特有的热忱，一看这长相就是个匠人的模样。没等他说几句个人介绍，我便迫不及待地开启了游说模式，从想法到方案，从商业构想到宏伟蓝图，谈情怀谈梦想，谈一份既有趣又伟大的事业。滔滔不绝地讲了将近三个半小时吧，我在他密密麻麻的抬头纹中，能看到他的心情从疑惑到认可再到激动甚至小亢奋。

“兄弟我非常真诚地邀请你，但毕竟你是大学老师，可以给你点时间慎重地考虑一下！”

“不必了，哥们儿早就在大学里混够了根本不是我想要的生活，现在都能看到退休的时候啥样，你说什么时候需要我吧，我辞职跟你干！”

天呐，这一刻我们四目相对，眼神中满满都是喷薄而出的感动，或许是因为情绪太炽烈，灼得彼此热泪盈眶。

就这样，团队一步一步越来越壮大，从最开始我们四个年龄相仿的小伙儿到现在有男有女有老有小还有狗。每一份子的出现就像冥冥之中注定的，就像上帝之手对我一次又一次的爱抚。

最开始的那段日子，我俨然被匠人情怀感染得云里雾里，好像很深沉，像一个严肃的百年基业传承人一样讲述着做木工这件事多么神圣，慢慢地我发现我错了！不忘初心方得始终啊，自己当初为什么要做这件事，是因为单纯的喜欢！我喜欢那种做东西的时候心无旁骛、甚至可以用目空一切来形容的感觉，喜欢那种把玩着自己做的东西带来的前所未有的存在感，喜欢那种把一块木头变成自己想要的样子打造成物件儿带来的成就感。我开始逐渐回归自我，回归到享受这件事情给生活带来的最真实的感受中，开始慢慢地设计并制作各种各样的生活用品，从茶刀到红酒架，从书签到纸巾盒，从手表架到电视机柜。一件一件地替换生活必需品，替换家中的陈设。记得当时设计红酒架的时候，我每天思考如何设计和结构怎么合理、怎么好看，是冬天一个晚上的梦到了怎么完成的设计图，并在凌晨四点多披着被子爬起来把最终定稿画到本子上。

当然，年轻人嘛浮夸的时候也是有的，就像有一次邀请一位身家不菲的朋友来家里喝酒，他看到我那座霸气的电视机柜时候问道：

“哥们儿你这电视机柜太帅了，多少钱我也整一个！”

“抱歉，这是哥自己做的多少钱也买不到！”

哈哈哈，当时那种骄傲的感觉就是空中飘来七个大字，我是木匠我骄傲！

还有我每天像名片一样带在身上的木质烟盒与打火机，走到哪儿都是最抢眼的亮点，仿佛在告诉别人，大宇的生活中点点滴滴都是私人定制！这就像一个良性循环，玩木头给我带来越来越多，无论是纯粹的还是浮夸的欢乐，我都欣然接受越陷越深。一转眼三年的光景，我现在走到哪看到木头的东西都习惯性地上去摸一摸手感、感叹一下做工，敲一敲听一听声音是不是实木，甚至把人家高档餐厅吃饭的桌子翻过来研究支撑工艺和设计结构。去年冬天在日本滑雪，我和一帮朋友住在一间非常考究的酒店，一进去我便被那大片大片的木质墙面深深地吸引，天呐，人家这料拼得真美啊，怎么都找不到缝在哪里，这是怎么做到的，这么大面积的实木不会变形吗，把脸贴在墙上一直研究赖着不走，朋友们都一脸嫌弃地躲得远远的。我倒是无所谓，就像唐寅说，“别人笑我太疯癫，我笑他人看不穿。”

玩木头，让我觉得生活很幸福！把自己的爱好变成一份小小的事业，那是可遇而不可求的幸运。刚开业的时候，一位我邀请来做客的老大哥说过的那段话更坚定了我“独乐乐不如众乐乐”、想要让更多人知道并真正去体验玩木头的决心：

“大宇，你知道吗，让那么多人跟着你同样体验到了玩木头的这份简单而纯粹的快乐，你真的做了一件伟大的事，我已经想不起来上一次放下手机用四五个小时专注地做一件事情是什么时候了，这感觉真舒服，就像墙上一进门那几个字，忘掉身后的世界，兄弟你做到了，我发自内心地替你高兴。”

讲到这儿关于我自己就先收笔了，我的故事就像我的生命和我所有的爱好一样未完待续，或许等七十岁写回忆录的时候再详细地讲述吧。后面我想介绍几个和我一起玩木头的小伙伴，告诉大家都是一群什么样的人在做着这样一件看似小众、其实完

全不陌生的事，还会给大家介绍一批在我玩木头这几年里认识的新朋友，他们又是为了哪些属于自己的特殊意义花时间来做这件事！后面还会把要使用的工具和制作步骤陈列上来，让你知道，玩木头的我们不一样；玩木头，可以很简单。

你以为玩木头是什么样?
跟我们玩就是不一样!
装置艺术走起来~
这范儿我很满意~

一路狂奔,
未歇,
常叹,
一无所有,
路何方,终何点,局何果,
心何向,意何求,身何栖,
一片未知。

读万卷书,行万里路,交四方友。在沧桑巨变和亘古如斯之间,沿着这条路一直走,我相信日子,在每一个我专注的地方,都会缤纷地展开。

02

SIX NEW CARPENTERS' STORIES

这一群小木匠、老木匠与女木匠

—— 6 个当代新木匠的故事

禁止吸烟
NO SMOKING
营业时间
周一休息,
皮姐
明明
小曹
志
JANGSIN
宋老
林老
韩老师

重点防护单位
超
王磊
EchoW
Leon
赵健
Coffee
剑哥
国庆
大宇
JANGSIN

A CARPENTER'S STORY

这是一个从高校老师摇身变为木匠的故事

/1

姓　　名：韩林海
年　　龄：80后
爱　　好：玩木头
星　　座：天秤座
擅长技能：各项木工技能

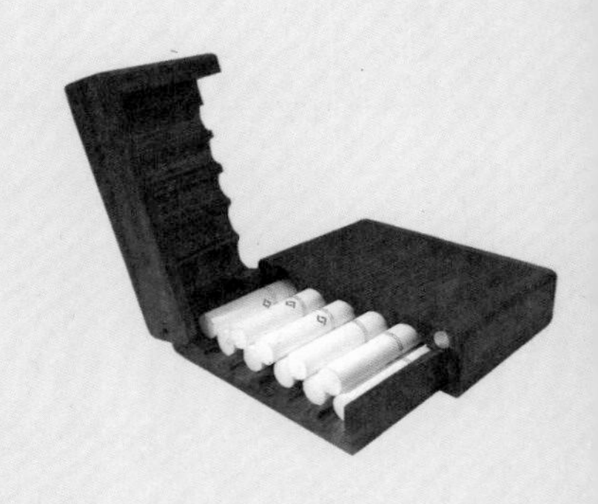

从高校老师，变成玩木头的人。

就像其他普通的农村家庭一样，家里的长辈们都会点木工活，我自幼就受家人的影响，对木头并不陌生。看爷爷、大伯干活儿多了，也会去动动锯，摸摸木屑，很亲切。再后来上了中学，赶上家里翻新房子，就跟着大伯当了一个暑假的小工，那个时候才认识到木匠的苦。房子盖好了，我也在挣扎中学到了些技艺。上了大学，专业又偏重动手能力，因为我上手快、领悟能力强，于是顺利毕业的同时，也被领导看中留校任教。

在高校的这段时间里我学习了很多很多的知识，也意识到了自己和社会的脱节。经历了四年的教师生涯后，我决定辞职，成为一个专业玩木头的人。这种感觉是那样的亲切、熟悉，就像回到了儿时！

经朋友介绍，认识了一个职业玩家，名叫大宇。和大宇认识是在一个咖啡馆，在这4个小时的时间里，大宇把他语言的天赋表现得淋漓尽致。他觉得济南要有一个玩木头的地方，他畅想着木工房的未来，我被他的这种力量感染到了，当即表态，我要干这件事。大宇用他超强的执行力把计划进行到了实质阶段，租场地、装修、买设备，一气呵成。于是济南这座城市诞生了一个好玩的地方——匠杺社木工俱乐部。我作为技术总监的职责在于倾尽全力把木头玩好，让更多的人参与进来。

匠杺社，一个玩木头的地方，承载着我们这些"木头人"的无限梦想。

A CARPENTER'S STORY

/2 这是一个保有赤子之心的“有福之人”的故事

姓　　名：马超
年　　龄：90 后
爱　　好：赶集
星　　座：射手座
擅长技能：记得每一件物品的位置

我第一次踏入匠杺社参加开业典礼的时候，并不曾想到，有朝一日自己会于此落脚。时日已久，难以忆起从何处得知匠杺社之名，只记得开业那天，我特意起了个大早，生怕因赶不及而错过。日光明晃，树影打在地上细细碎碎，来往于门前的宾客似乎都带着独特的光芒——这里本就与喧嚣世界有所不同。那之前我刚从山上寺院回来，寺里日日茹素、隔绝五辛的戒律使人对气味格外敏感。突然闯入满屋木香中的我，如同被猝不及防丢进大海浸入海水一样，下沉、不知所措却又觉得世界突然安静了。

自此我便着了迷，通过明明成了匠杺社会员，时不时到店里逛逛、摸摸，做点自认为能当作传家宝的物件。

万物皆有灵，每一块木头都有万千觉知。当它被你拿在手中刨削雕刻，便与你有了联结，也有了代替你与他人交流的能力。虽然手中的木头不再具备生长的能力，但它能够突破岩层的生命力还在，柔和而强硬，通过木纹，默不作声便讲述了自己的一生。

当时我常羡慕他们日日与木为伴，如今自己有幸加入了匠杺社，才体会到那句“四圣六凡，各有因缘”。缘起不同，境遇经历不同，人的心境也千差万别。所幸的是终于遇上了，留下了。

A CARPENTER'S STORY

这是一个念念不忘，必有回响的“不专业”手艺人的故事 / 3

姓　　名：明明
年　　龄：90 后
爱　　好：画画、手工、花艺、室内设计、摄影
星　　座：射手座
擅长技能：设计店内新品、摄影

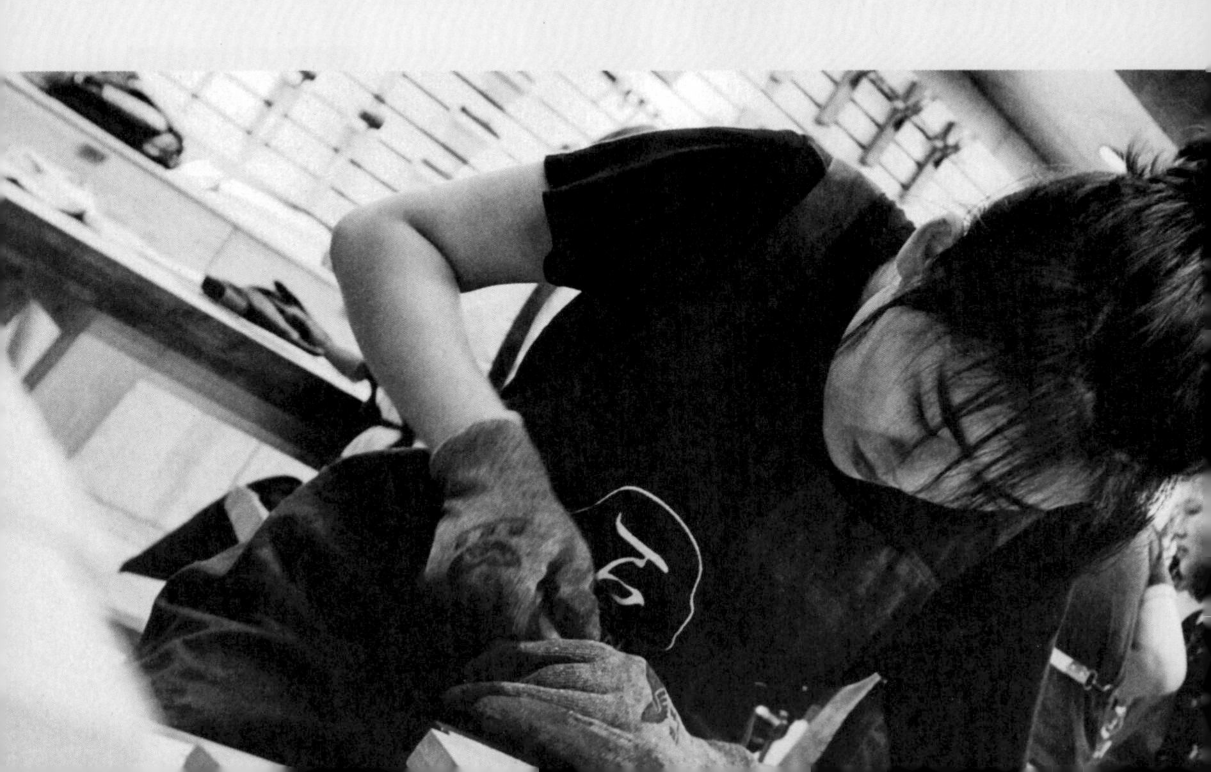

我是明明，生于孟子故里，不专业的手艺人。

我在大学学的是综合绘画专业，毕业后本该和大多数同学一样去做个潇潇洒洒的画家，或者在父母的循循善诱下按部就班地做一名培育祖国花朵的人民教师，从此收起野心"皈依我佛"。然而，人生的际遇真的很奇妙，你永远不知道下一秒会遇见什么，也不知道自己会发生什么样的变化。

与木结缘是通过我的毕业创作，或者说是冥冥之中自有安排。我从小喜欢画画，喜欢动手做东西，我爸教课给我留下来的彩色粉笔都被我用来在我们家墙上搞"创作"了。记得小学一年级因为织毛衣上瘾还被我妈"告状"告到班主任那儿把我收拾了一顿。总之，不论我妈反对与否，我都乐此不疲地喜欢画画、喜欢设计、喜欢手工，一坚持就坚持到现在。在大学的某节专业课上，我还曾信誓旦旦地对我的专业老师与同门说着"当个女木匠" 这么遥远又可爱的梦想。没曾想，这硕大的馅饼居然真真切切地砸到了我脑门儿上，砸得我云里雾里、乐不可支。也许真的是"念念不忘，必有回响"吧。

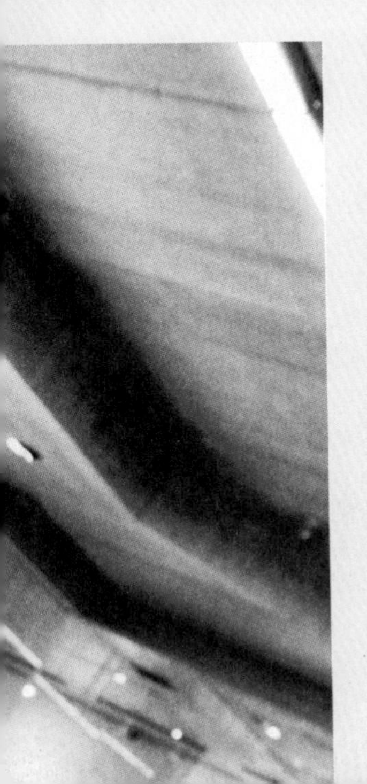

最初与木头打交道的那段日子里，我体会到了前所未有的喜悦与满足。木作，从来都是一件无法速成的事。刨、磨、锯、凿，要足够耐心，要平心静气，要受得了漫长却看不见结果的重复劳作，也要真心为时光造就出的点滴变化感到喜悦。有着拙朴感的手工是机械化批量加工永远都取代不了的，这个过程非常美妙，更是独一无二的。于是在我毕业后迷茫的时期，看到了"专注做点东西，起码对得起光阴岁月"——这句刻在匠杺社墙上的话，仿佛一道强光，原本摆在我面前看不清方向的几条路一下子变得清晰。我带着无限的生命力和想象力，开启了我的匠人生涯。

我一直认为我们于平平淡淡、忙忙碌碌的日子之外，必须还有一点调剂的游戏与享乐，生活才有意思。我们看花、听雨、闻香、喝不求解渴的酒、吃不饱腹的点心这些都是生活中必要的存在。木作时耳畔温情淡淡的音乐附和着各种工具的敲击声，让人思无杂念，心无旁骛。这样的心灵栖息地是很多人追寻向往的。我想比起舒服的生活，我更想做自己想要做的事情！这才是我所要寻找的。

A CARPENTER'S STORY

这是一个想与木头做朋友的故事 / 4

姓　　名：赵健
年　　龄：80 后
爱　　好：手工制作及看各种新闻
星　　座：狮子座
擅长技能：使用立铣倒装台、车床

阳光、山、泉、河，土生土长在泉城济南，泉水滋养着济南人的温和善良和心灵手巧，我也是如此。我以前跟过剧组，当过领导的司机，开过饭店，不过那些都不是我很喜欢的工作。

我从小就喜欢手工制作，从四驱车到静态模型都喜欢，做一些拼接的小东西，自认为动手能力很强。后来偶遇一件黑胡桃木制摆件，寻寻觅觅中，便迷恋上了木头的颜色与味道，从此不可自拔与木结缘。现代社会机械化生产导致很多手工工艺消失，手艺人越来越少。一年前一个偶然的机会，我加入了匠杺社。社内富有情调且带有文艺范的装修设计，大型的专业木工设备，赚足了我的眼球，每天木头与机器碰撞出来的木屑，更让我肾上腺素分泌旺盛，让我更加有动力做好手头的每一件事情，也让我更深刻地理解了匠人精神。

也正是匠人精神激励着我不断努力，一直为我指明方向。每当教顾客做出爱不释手的手作，看着他们对自己作品的那种满足的眼神，我感到很自豪。木工对我而言，不仅仅是一份工作、一种兴趣，更是一种自信源泉，让我能延续前辈的技艺，开创现在与未来。我现在与木头已经是老朋友了，匠心不在远方，而在心底……

A CARPENTER'S STORY

/5 这是一个从小与木结缘的“盖世大侠”的故事

我，一个95后，有着与我这个年龄不相符的名字——国庆；同时也有着与我的年龄不相符的工作——木匠。22年前我出生在一个小山村，正值国庆节，老爹索性就不动脑子了，直接给了我这个普天同庆的名字。因为生活在乡村这个环境中，我爱上了大自然，喜欢各种手作，尤其对木头感兴趣，把从山上捡回来的树枝在家用菜刀削成刀剑的模样，认为自己就是那个行侠仗义、盖世无双的大侠，然后就被老娘拽着耳朵一通乱骂，因为我动了她的“兵器”。

我阴差阳错地在大学学了设计，这让我有更多的机会接触手作。我缝过皮、打过铁、熔过银、玩过木头，还是唯独最喜欢木头。因为它是一个有温度的东西，生于自然取于自然，带着大自然的气味。第一次真正意义上的接触木工手作是在一个叫作“原石”的工作室，当时要完成课时作业，我就去亲手做了一把椅子。设计图纸、选择合适的木料，切割榫卯、插接、打磨，一整套步骤下来人已经累瘫在了工作室，但是我对木工的热爱却从此一发不可收拾。当我看见一块其貌不扬的木头经过我的手设计打磨后完美蜕变，心中的成就感油然而生。我喜欢手作的过程，在这个过程中我可以什么都不用想，全身心地投入到这件事情当中，可以暂时远离喧嚣，享受那一刻的宁静。

大学毕业后我曾怀着雄心壮志进了一家设计公司，每天的朝九晚五、单调重复让生活变得乏味。这时我发现了匠杺社，当我第一脚踏入匠杺社的大门时，我发现这就是我想要的生活，于是我就毅然决然地辞职来到了匠杺社。

对于我来说，木匠不仅仅是一份工作，更是我所坚持的追求，我觉得能做一件自己所深爱的事情有什么不好，与一群志同道合的人一起钻研，提升自己的技术，看着自己完成的作品开心得像个孩子，这个时候，我觉得自己还是那个盖世无双的大侠。

手作是一个寻找自己的过程，是我所向往的生活方式。未来的路还很长，这场修行还在继续，而我仍是那个期待着日日都能仗剑出山，行侠仗义的少年。

姓　　名：张国庆
年　　龄：95后
爱　　好：篮球、音乐、电影、手作
星　　座：天秤座
擅长技能：设计、创意

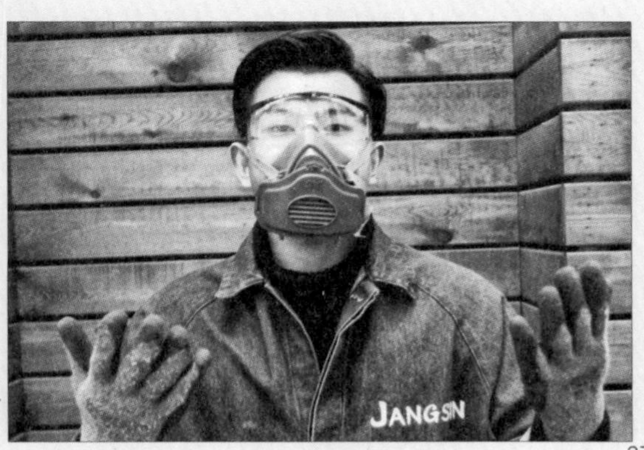

A CARPENTER'S STORY

这是一个坚持做自己的故事 / 6

姓　　名：王磊
年　　龄：80 后
爱　　好：篮球、足球、动漫、电影
星　　座：摩羯座
擅长技能：运营、策划、推广

2015 年 12 月份，我做了自己的第一把木勺，从那天起我坚定了自己的信念，参与匠杺社筹建。在这之前我和朋友合开家政公司，而且对木工体验也真的没有太多概念，印象中想到木工，更多的是一种工种存在，然而自己体验制作后发现，它的魅力不仅是完成作品，而是在于摒弃杂念的同时能静心做一件期待的实物，看着它慢慢成型，内心的喜悦和成就感油然而生，虽然现在来看确实做得不甚精致，但真的好喜欢！之后又做了其他几件小物件，这让我更加坚定要做自己喜欢的事！

转过年一月份，匠杺社的装修也在慢慢成型，从无到有，像看着自己的孩子在一步步成长一样，这期间我也一直在自我练习、提升，终于在三月十九号，店里迎来了第一位学员，感觉这一刻就像是孩子开始会叫爸爸了一样，虽然还叫得不清楚，但这是崭新又值得纪念的一天！

经过一段时间的积累，时间转眼来到七月十七日，匠杺社开业的那一天，看到有这么多朋友喜欢我们的体验，真为它高兴，但也深知有太多地方仍需要提升，这之后我们也在不断学习和创作，希望能把这种生活体验方式传递给更多人，也希望它能运作得越来越成熟！

这之后我更多地负责起了匠杺社的运营和日常运作，为了照顾它我也在不断犯错不断学习，不断尝试不断创新，来让它更健康地成长。经过一年多的历练，我们也从最初简单制作木勺筷子等，到如今真正可以做桌椅家具。我们和它一起在成长。

当然，作为一种新的体验方式，大家对木工的了解还是太少，不了解的人只是把它看得枯燥而乏味，远不如现代化的产品来得丰富、好看、便宜。但了解的朋友会明白经过自己双手雕琢的器物，可能并不那么精致，但至少有温度和心意。眼见着作品在自己手上一点点成型，再把它作为一个礼物，送给朋友或自己，这种创作的满足和成就感是买不到的。

手作能抓住人的心灵，让心依附于木材的质感，亲手做一件独一无二专属于自己的小物件，想想都美妙。我在这里，安静地学着用另一种态度面对生活。摒弃虚伪、奉迎，丢掉目空一切的心态，远离灯红酒绿，在这个太平的年代里骄傲地活一回，不枉费这几十年走过的人生路。

坚定做自己想要坚持的事！

03

THIRTEEN WARM CARPENTRY STORIES & TUTORIALS

生活不止眼前的苟且，还有诗和这里的木头

——13 个温暖的木作故事及教程

THE STORY OF THE PARTICIPANTS

房老师的毛衣链 / 1

姓名：房晓

年龄：50 后

职业：大学校报编辑

爱好：文学、读书

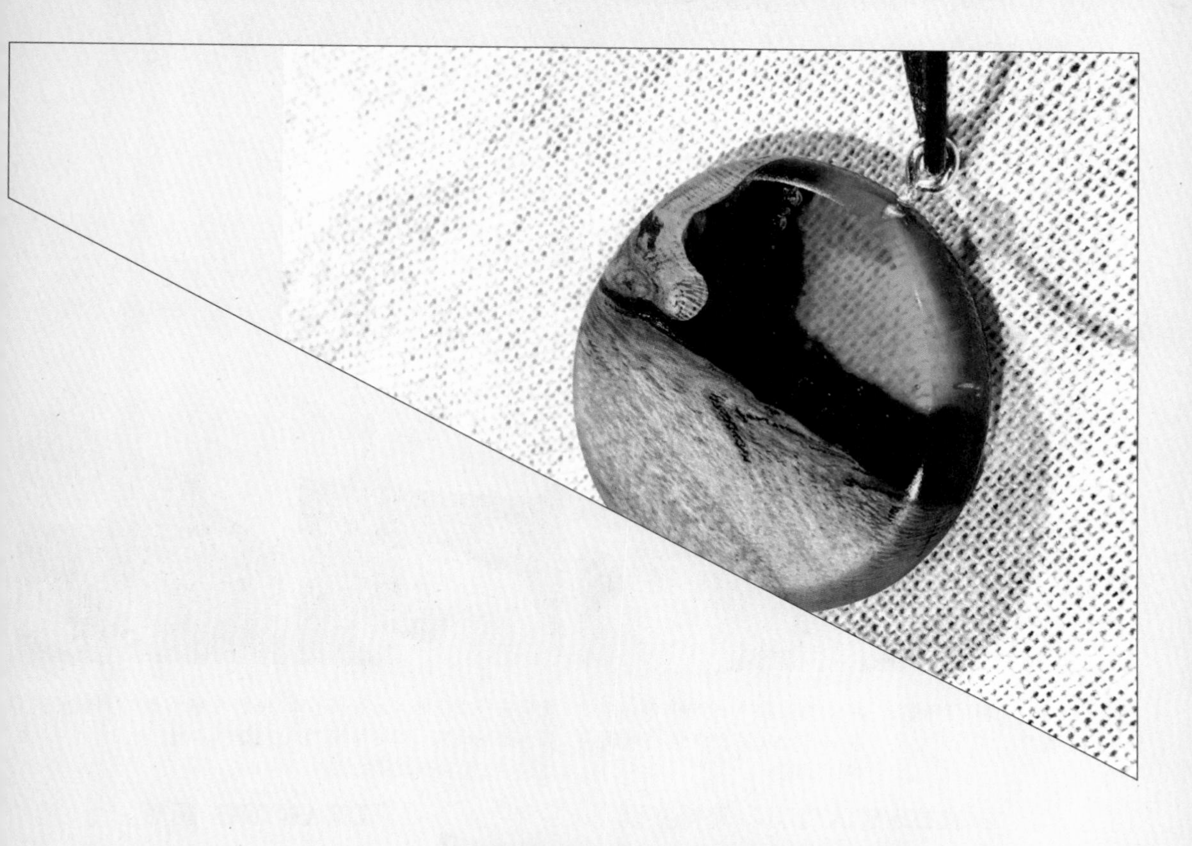

人生短短几十年，总会在一段时间痴迷一件事。

父亲节的时候，我选了一块黑胡桃木，用整整 9 个小时给父亲做了一把茶勺……这是我第一次动手做木工，这茶勺虽不算精美，但却是独一无二的，让我第一次领略了做木工的喜悦。这一次我想为自己做一件首饰，几个小时里，从画形、切割、粗磨、精磨、洁面、上油，直至真正完成一条毛衣链。整个的制作过程让我从最初的好奇发展至喜欢，让我体会了细心、耐心、专注和坚持的内涵，更深刻感悟到这每一步的进程都是心灵的修行。这种亲自动脑设计、动手制作的物件，方能称得上是有温度的心爱之物。

PRODUCTION PROCESS

树脂吊坠

注意：专业设备危险性高，要在专业老师指导下使用专用机器。

材料：
木料若干、透明胶带 1 卷、透明滴胶 A 胶、透明滴胶 B 胶、透明染料适量、牙签、抛光膏 1 管、羊眼螺丝 1 个、 细绳 1 条、矿物油 1 瓶。

工具：
多功能尺子、透明玻璃烧杯、铅笔、小型带锯、砂带机、砂纸、棉布、迷你打磨机、打孔器。

GLUING 注胶

1

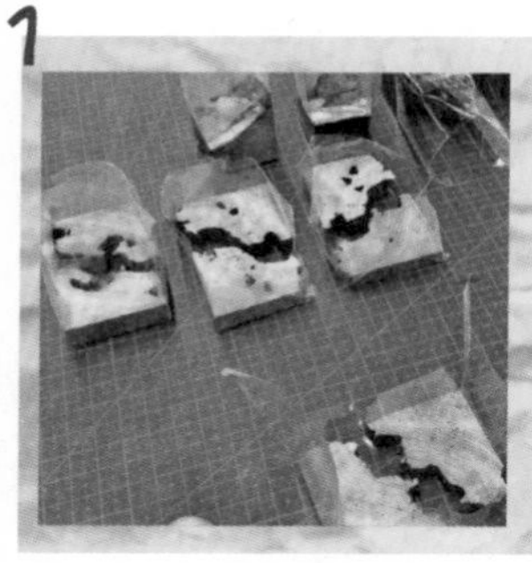

将准备好木料用透明胶带做出相应尺寸模型。

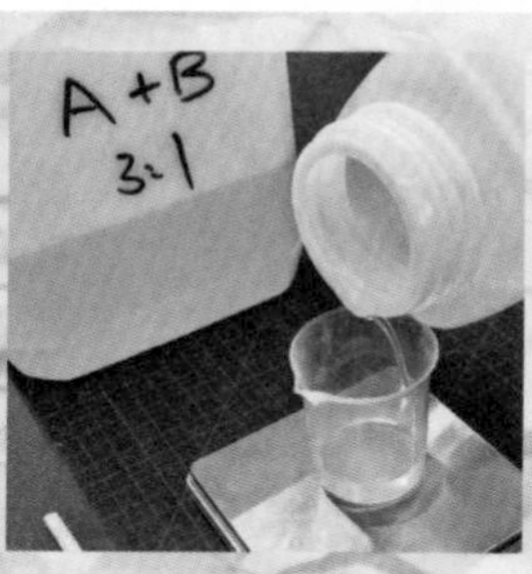

将透明滴胶 A 胶与透明滴胶 B 胶以 3 :1比例倒入透明玻璃烧杯中调配好。

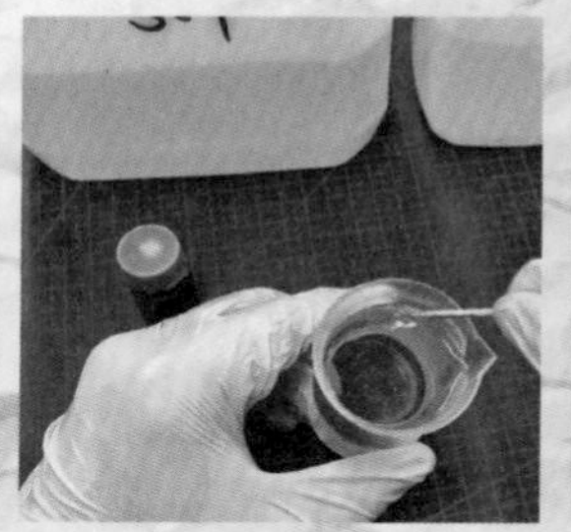

根据喜好逐滴加入适量的不同颜色透明染料，用细牙签搅拌均匀，直至达到想要的状态。

将胶水缓慢灌注到做好的模型里，静置。

SOLIDFICATION 等待凝固

2

等待 24 小时，胶水凝固。

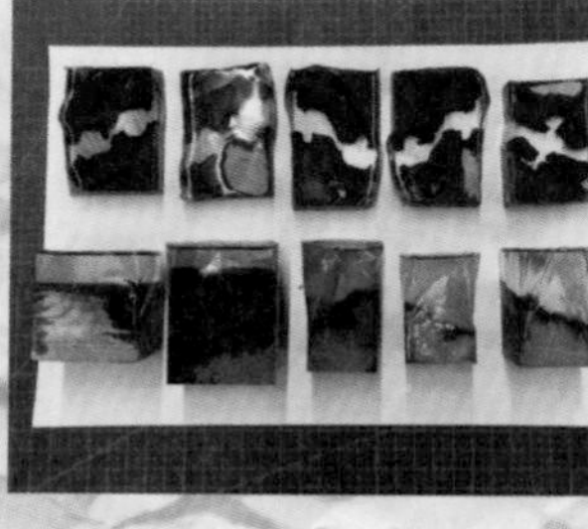

脱模，把胶块排列开来，供挑选使用。

DRAWING 画形

3

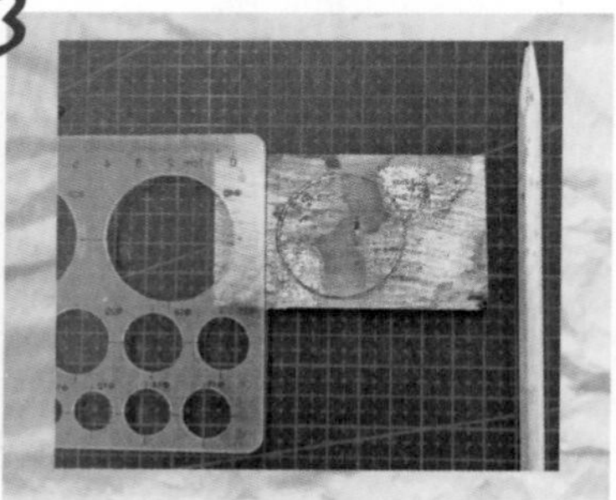

配合多功能尺子用铅笔画出图形。

SAWING 锯形

4

沿着画出的轮廓外沿用小型带锯进行锯切。

尽量完整地切割出设计图案。

TRIMMING 修形

5

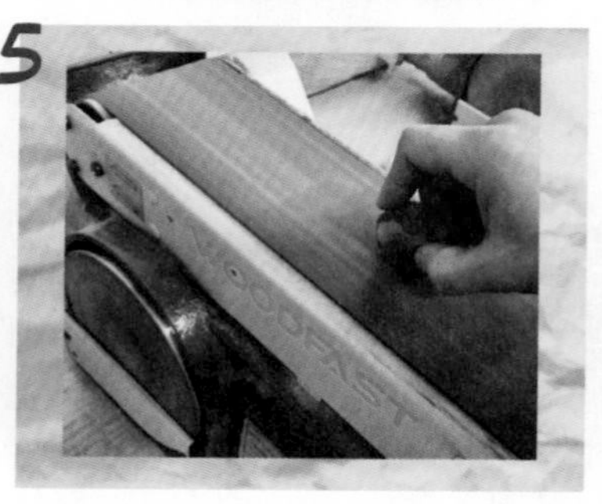

用砂带机进行打磨，修整出设计形状后，再磨出圆角。

POLISHING 手工打磨

6

逐级使用 320 目至 7000 目的砂纸打磨，注意不能跳跃砂纸的目数，否则会影响最终效果。

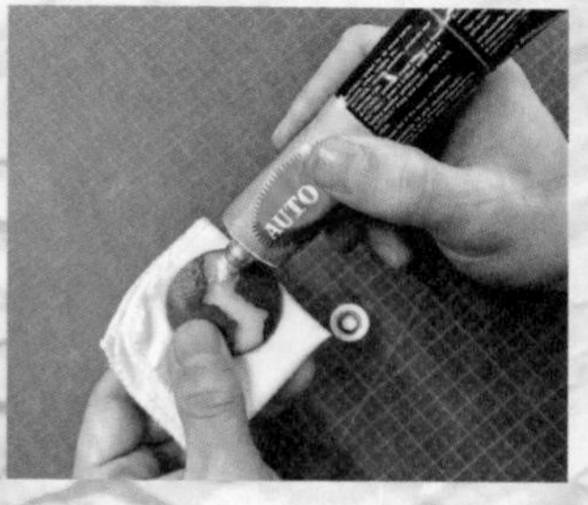

涂抹上抛光膏，用干净的棉布反复抛光，使表面光亮。

用迷你打磨机换上棉轮进行反复抛光。

ASSEMBLING 组装 配绳

7

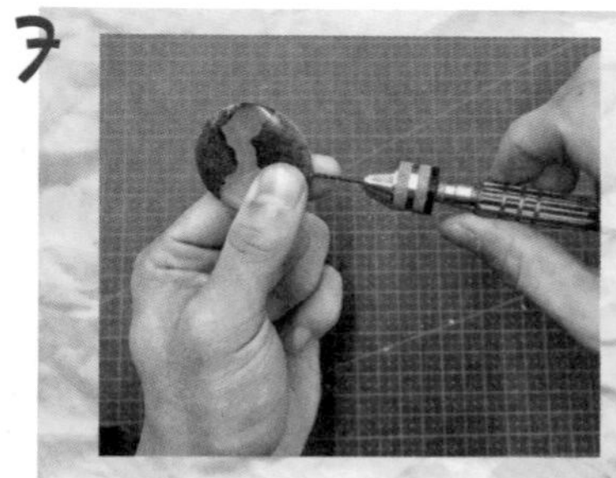

选择好相应的位置用打孔器进行打孔。

安装上合适大小的羊眼螺丝，安装时的力度不宜过大，不要拧断螺丝。

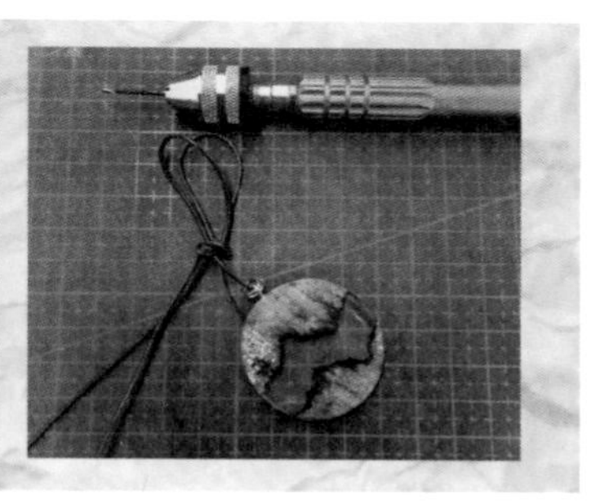

将细绳穿入羊眼螺丝，吊坠完成。

OILING 上油

8

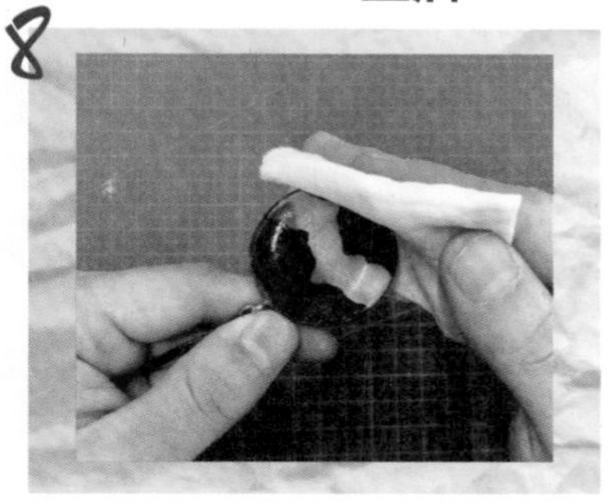

将矿物油用干净的棉布蘸取擦拭作品表面，这样可以润泽作品且能使作品保留的时间更久。注意时间久了要再擦油保养作品。

THE STORY OF THE PARTICIPANTS

教练的小鲸鱼花器 / 2

姓名：闫丛丛

年龄：80 后

职业：瑜伽教练

爱好：音乐、 运动 、旅游

这是一个瑜伽遇见木工的故事。

2016 年底，我遇到了人生的一个低谷，徘徊在十字路口彷徨失措的时候，木工出现在了我的生命里。作为一名瑜伽教练，修身、修心几乎是我每天都在做的事情，木工与瑜伽一拍即合，给了我更加鲜活的生命力和无限的遐想空间。

在一天繁忙疲惫的工作生活后，让身体放松，抛去纷扰的思绪，把意识放回自己的呼吸，给头脑昏沉、思维滞缓的自己一个心灵的洗礼，这是瑜伽带给我的。没想到，木工也能带给我同样的感受。在木工的世界里，你可以让你的思绪自由飞扬，感受指尖流动的艺术。你也可以与木工一起，给自己一个独处的空间，给心灵一个独处的空间。

PRODUCTION PROCESS

试管水培花器

注意：专业设备危险性高，要在专业老师指导下使用专用机器。

材料:
木料 1 块、玻璃试管 2 个、矿物油 1 瓶。

工具:
铅笔、橡皮、小型带锯、台钻、台钳、粗型号黄金锉、细型号木锉、砂纸、立轴砂柱机、砂纸、棉布。

1 DRAWING 画形

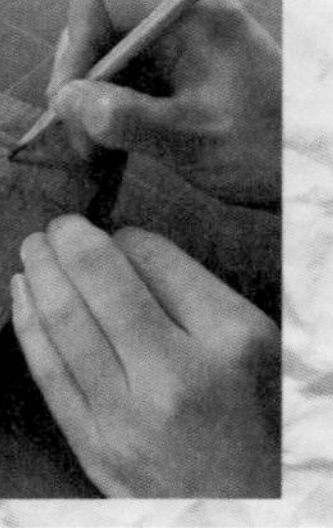

用铅笔和橡皮在选择的木料上画形。

2 CUTTING 切形

用小型带锯对设计好的外形进行锯切。

3 PUNCHING 打孔

用台钻打出直径 25 毫米的深孔作试管孔。

4 POLISHING & TRIMMING 打磨 修形

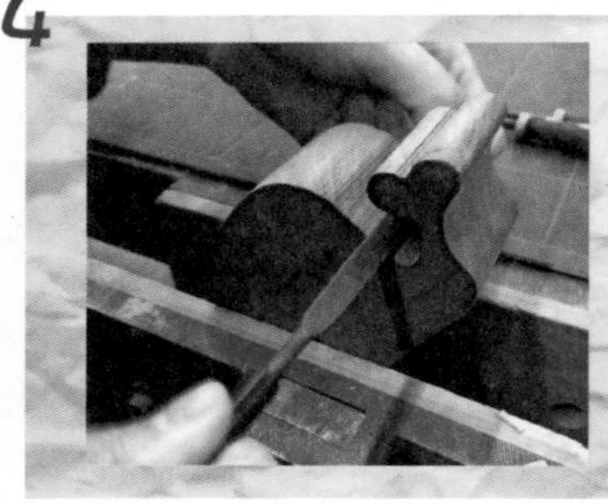

把粗胚固定到台钳上，选择粗型号的黄金锉进行粗修，再选择细型号的木锉进行细修。

用立轴砂柱机继续进行打磨。

逐级使用从 240 目至 600 目的砂纸进行打磨，注意不能跳跃砂纸的目数，否则会影响最终效果。

5 OILING 上油

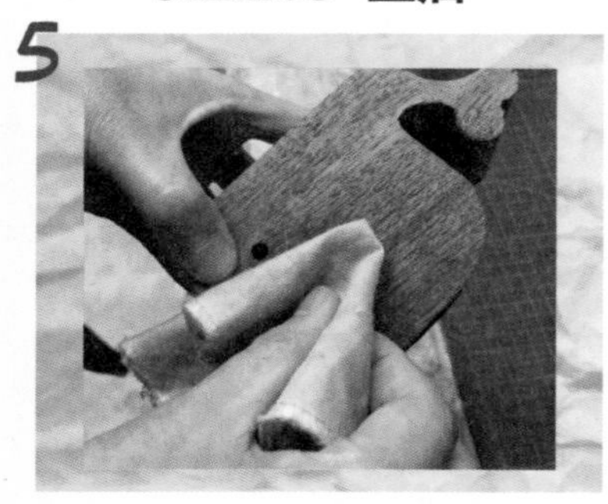

将矿物油用干净的棉布蘸取擦拭作品表面，这样可以润泽作品，使作品保留的时间更久。注意时间久了要再擦油保养作品。

HOMERUN

THE STORY OF THE PARTICIPANTS

陪珊珊浪迹天涯的手枪 / 3

姓名；曹珊珊

年龄：90 后

职业：自由职业

爱好：花艺、手工、画画

阳光、空气、雨露、清欢。

从我初遇匠杺社至今，也有两个春秋了。从毕业到一名自由职业者，木工以这样质朴的状态，在世故中滋养我成长。我平时不喜喧闹，总爱摆弄花草、写写画画。匮乏时行路，浮躁时就喜欢来这里，从白天待到黑夜。这里的人都很平和，亦师亦友，我们因木结识，也许都是因为想在一生中做一件正确的事，认真的人就像那样安静但是浑身发光。力量与自由在木屑间交接，也充斥着爱的投递。这里的时光很长，也记录着一段属于我的小故事……

我们的感情始于我手做的鹿角盘，用三个白昼的光景，打磨着我以为和他很长的余生。从盛夏到凛冬，当时的欣喜犹在，我们却已分开了。数度痛苦，辗转失眠。他曾说喜欢高空运动，于是我启程去完成了人生第一次的跳伞；他也喜欢澄澈的海，于是我从十一月的北方飞到了温度仍是盛夏的海南。我领略着这世界一如既往的美好，只是少了一个他。心绪难平的时候，我会回到这里，挑选一块有着舒适纹理的木材，看着它在我手中变成我喜欢的模样，冗长而反复的打磨，也将潮涌的心情慢慢变得熨帖。那些往日时光也都随着手中的木屑变得轻盈，最终沉淀。我从未想过为木工冠以什么郑重意义，也许时光本应拿来做平凡且美好的事，回归初心的纯粹。和他告别以后，我过得平静，愿他也是 。

PRODUCTION PROCESS

实木手枪

注意：专业设备危险性高，要在专业老师指导下使用专用机器。

材料:
木料1块、装饰木片1片、木工胶1瓶、矿物油1瓶。

工具:
铅笔、橡皮、手枪模板、手电钻、台钳、线锯、小型带锯、粗型号黄金锉、细型号木锉、砂纸、夹具、棉布。

DRAWING 画形

1

用铅笔、橡皮、手枪模板等工具在选择的木料上画形。

PUNCHING&SAWING 打孔 锯形

2

用手电钻在手枪扳机位置打孔。

把木材固定到木工桌的台钳上。

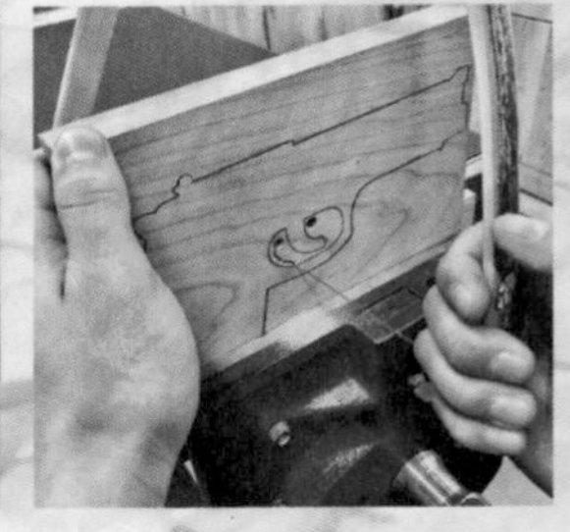

把线锯条穿入孔中，安装好线锯，然后沿着画好的线进行锯切，直到把扳机孔镂空。

用小型带锯对手枪外形进行锯切。

TRIMMING 修形

3

把手枪粗胚固定到台钳上，先用粗型号的黄金锉进行粗修外形，再用细型号的木锉进行细修。

POLISHING 打磨 抛光

4

逐级使用 320 目至 7000 目的砂纸打磨，注意不能跳跃砂纸的目数，否则会影响最终效果。

GLUING&FIXING 上胶 黏合 固定

5

用木工胶在枪体的预定位置粘贴制作好的装饰木片。

用夹具进行固定，2 小时后胶水凝固，方可把夹具拆下。

OILING 上油

6

将矿物油用干净的棉布蘸取擦拭作品表面，这样可以润泽作品且能使作品保留的时间更久。注意时间久了要再擦油保养作品。

THE STORY OF THE PARTICIPANTS

灵魂乐手小青的八音盒 / 4

姓名：温匀青

年龄：80 后

职业：老板

爱好：艺术、 旅行、 运动 、唱歌

我不算是什么新时代女性的标杆，也没有多么传奇的人生经历，回忆三十三载，只单单觉得活成了自己想要的模样，并没有愧对人生。家境平凡的我辗转做过蛋糕房面点小妹、通信行业客服、财务……现在是一家招标代理公司负责人，努力也许并没让我成为更优秀的人，但努力并快乐的感觉却是一生的美好感受。

跟匠杺社的缘分来自于我的好朋友大宇，当他第一次跟我讲他这个“宏伟计划”的时候，我就被他的想法打动了。在这个干什么都追求效率的快餐时代，我们已经很少会慢下来，被真实又富有感情的东西打动了。木头是有温度的，当你花时间去精心为谁打造一件独一无二的东西的时候，其中心意是不可用钱衡量的。当我第一次拿起工具亲手打造一件属于我的礼物，设计、开凿、打磨，我细致地做每一道工序，当它变成一件成品呈现在我眼前，心里的满足和欣喜无以言表。偶尔烦闷、孤独，或需要思考的时候，我会看着它静静发呆，音乐就像水滴一样，一滴一滴静静流淌出来，孤独也就随之流走了。

PRODUCTION PROCESS

八音盒

注意：专业设备危险性高，要在专业老师指导下使用专用机器。

材料：
木料1块、八音盒机芯1个、小螺丝若干、木工胶1瓶、矿物油1瓶。

工具：
铅笔、橡皮、尺子、大型带锯、台钻、电钻、螺丝刀、夹具、小型带锯、砂盘机、方磨机、砂纸、棉布。

DRAWING 画形

1

用铅笔、橡皮、尺子等工具在木块上画形。

CUTTING BAFFLE 切挡板

2

用大型带锯机把木料片开一块，用来制作八音盒盖板。

DRILLING GROOVE 打槽

3

用台钻钻出安装机芯的圆形卡槽。

PUNCHING&ASSEMBLING 打孔 安装机芯

4

在底部的合适位置用小钻头电钻打孔，用来放入机芯的旋转把。

用小螺丝把机芯固定在圆形卡槽内，注意要安装牢固。

GLUING&FIXING 黏合挡板 固定

5

用木工胶在预定位置粘贴好盖板。

用夹具进行固定，2小时后胶水凝固，方可把夹具拆下。

CUTTING 切形

6

用小型带锯进行锯切外形。

7 POLISHING & TRIMMING 打磨 修形

用砂盘机和方磨机把物体表面打磨至平整光滑。逐级使用从 240 目至 600 目的砂纸进行打磨，注意不能跳跃砂纸的目数，否则会影响最终效果。

8 OILING 上油

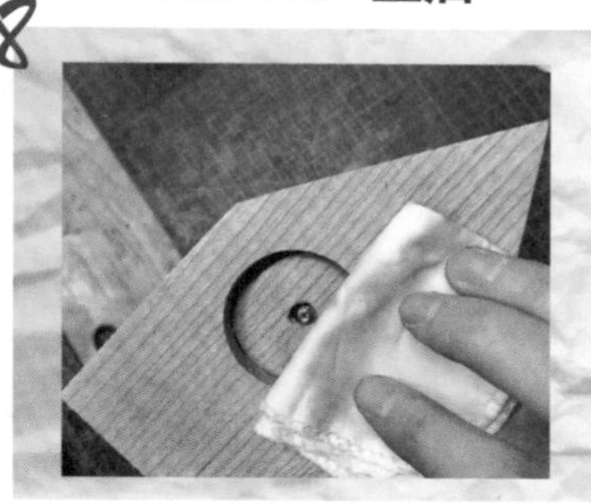

将矿物油用干净的棉布蘸取擦拭作品表面，这样可以润泽作品且能使作品保留的时间更久。注意时间久了要再擦油保养作品。

THE STORY OF THE PARTICIPANTS

路易威登小哥哥的手表架 / 5

姓名：马宇晓

年龄：80 后

职业：奢侈品行业资深销售

爱好：运动 、看电影 、旅行

我大学毕业后，辗转从香格里拉酒店到现在的路易威登工作，重复着时间，消耗着不再重演的人生。在酒店工作时，我终日在迎来送往中听着名人轶事，从原来个性内敛到不得不每天主动挂着笑容，对每一个走到你面前的人微笑招呼，也经常处理深夜半醉酒的客人的无理取闹——成长，便在这样的考验中悄然而至。

都说人生就是一场旅行，而生命的质量显然就取决于旅程的经历是否丰富多彩。进入奢侈品行业的时候我也的确被精美的店铺、华丽的作品和夺人眼球的橱窗这些东西所吸引，但渐渐了解到奢侈品品牌背后的故事，它的“DNA”、时尚文化传统和价值观才是品牌的价值所在。

家里客厅陈列中自己最喜欢的就是进门处柜子上的腕表架，一尘不染地摆在视觉中心位置，是我去年亲手制作送给自己的礼物。日常的工作中每天都是和时间赛跑的状态，所以下班回家后我有先摘下手表的习惯。当腕表回归它的位置，我也感受着一天工作结束后的舒心安然。一切都可以传承，生活本身就是故事。时间恍然流去，岁月里那份幸福随时都在。

PRODUCTION PROCESS

手表架

注意：专业设备危险性高，要在专业老师指导下使用专用机器。

材料:
木料 1 块、圆木榫棒若干、木工胶 1 瓶、矿物油 1 瓶。

工具:
铅笔、橡皮、T 形不锈钢尺、手工刨子、手电钻、夹具、砂纸、棉布。

DRAWING 画形

1

用铅笔、橡皮、T 形不锈钢尺子等工具在选择的木料上画形。注意比例尺寸要合适。

PLANNING 刨侧边

2

用手工刨子把侧边的表面刨平整，并刨出一个小倾斜面，注意木头的顺逆纹理。

DRILLING&INSERTING 打眼 插圆棒

3

根据画线的位置进行打眼，用手电钻进行打孔，注意孔的深度，不要把木板打穿。

插入合适长度的圆木榫棒，进行预连接。

GLUING&FIXING 上胶 固定

4

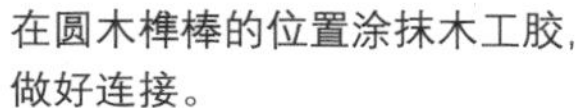

在圆木榫棒的位置涂抹木工胶，做好连接。

用夹具固定住，等待胶水凝固。2 小时后胶水凝固，方可把夹具拆下。

POLISHING 整体打磨

5

逐级使用从 240 目至 600 目的砂纸进行打磨，注意不能跳跃砂纸的目数，否则会影响最终效果。

OILING 上油

6

将矿物油用干净的棉布蘸取擦拭作品表面，这样可以润泽作品且能使作品保留的时间更久。注意时间久了要再擦油保养作品。

THE STORY OF THE PARTICIPANTS

魏警官的纸巾盒 / 6

姓名：魏帅

年龄：80 后

职业：警察

爱好：发呆

从前的我每天忙碌于工作之中，除了工作以外，我的生活基本就是处于无趣的状态。当我走近看似粗糙却不失美感的工作台时，我发现了一个可以让自己的心灵产生共鸣的地方，专注于那几块木板，细心地去打磨，在有限的空余时间里，找到一个最适合自己的事情，殊为不易。

当我每天面对形形色色的人群忙碌而焦躁的时候，这几块木板反而让自己暂时的平静下来，可以不再去思考任何事情，只是专注于这一平方米的空间，这应该就是最适合我的休息，属于内心的休息。

愿你被世界温柔以待！

PRODUCTION PROCESS

纸巾盒

注意：专业设备危险性高，要在专业老师指导下使用专用机器。

材料:
木料若干、木工胶 1 瓶、矿物油 1 瓶。

工具:
推台锯、铅笔、橡皮、尺子、推台锯、线锯、台钻、台钳、粗型号黄金锉、细型号木锉、小型带锯、纸胶带、皮筋、砂纸、棉布。

1 DRAWING&PUNCHING 画线 打孔

用铅笔、橡皮、尺子在一块木料上画出抽纸口的形状。

用台钻在画线的内侧打孔，可以多打几个孔方便后面锯切。

2 CUTTING 切斜边

使用推台锯，把锯片的倾斜角度调整到 45 度，然后借助推把辅助，把四块侧板的双边切出 45 度角。

3 SAWING 开卡槽

使用推台锯，把锯片降低到一定高度进行开槽，注意双侧都要开卡槽。

HOLLOWING OUT&TRIMMING 镂空抽纸孔 修形

4

把木材固定到木工桌的台钳上，把线锯条穿入孔中，安装好线锯，然后沿着画好的线进行锯切，直到把抽纸孔镂空。

把粗胚固定到台钳上，先用粗型号的黄金锉粗修内孔形状，再用细型号的木锉进行细修。

CUTTING 切形

5

使用小型带锯沿一块侧板的一个边切下一块拉手，注意要保留好卡槽，要把线切直。

GLUING&FIXING 抹胶 皮筋固定

6

用纸胶带把四块侧板粘贴到一起，用木工胶在四块侧板的切角面抹胶。

插入两块侧面的挡板，把盒子折叠用皮筋固定起来，要做到尽量无缝隙。2 小时后胶水凝固，方可把皮筋拆下。

逐级使用从 240 目至 600 目的砂纸进行打磨，注意不能跳跃砂纸的目数，否则会影响最终效果。注：可以使用方磨机。

OILING 上油

7

将矿物油用干净的棉布蘸取擦拭作品表面，这样可以润泽作品且使作品保留的时间更久。注意时间久了要再擦油保养作品。

THE STORY OF THE PARTICIPANTS

建筑师文妍的鲁班锁 / 7

姓名：金文妍

年龄：80 后

职业：大学讲师

爱好：读书、做木工

2008年我到南京求学，在东南大学前工院见到一个半人多高的木方拼插大摆件，用手推动其中的一根木方竟然滑动了！惊奇之余这才发现它不仅是个摆设，更是一个巧妙的榫卯机关。旁边一首藏头诗让我把“六木同根”的名字深刻脑海：“六合之内，木石为盟。同心同德，根于东南。”

谁知多年后当我回顾自己和木工的各种机缘，竟是从推动木方那一刻开始的……

我的第一件木工作品就是鲁班锁，当时用3厘米见方的木条、锉刀、手锯、台钳摸索了一周才完成勉强满意的作品。亲手制作的经历刷新了我对木材、匠人、技艺甚至人生哲学的认知。

带着这份感悟，我享受着与木头打交道的时光，这就像交了一位睿智而沉默的朋友，你在塑造他时，他也在塑造你的技艺和心性，并且引你找到其他爱好木工的同道中人。

PRODUCTION PROCESS

鲁班锁

注意：专业设备危险性高，要在专业老师指导下使用专用机器。

材料：
木料6根、矿物油1瓶。

工具：
铅笔、橡皮、直尺、三角尺、鲁班锁图纸、小型带锯、台钳、粗型号黄金锉、细型号木锉、砂纸、棉布。

DRAWING 画线

1

用铅笔、橡皮、直尺、三角尺在选好的木料上画线。

CUTTING 切形

2

用小型带锯进行锯切开槽。

TRIMMING&POLISHING 修整 打磨

3

把鲁班锁粗胚逐根固定到台钳上，先用粗型号的黄金锉进行粗修卡槽，再用细型号木锉进行细修。

逐级使用从240目至600目的砂纸进行打磨，注意不能跳跃砂纸的目数，否则会影响最终效果。

ASSEMBLING&TAKING APART 组装 拆分

4

根据图纸进行预拼装，拼装起来之后再拆分。

OILING 上油

5

将矿物油用干净的棉布蘸取擦拭作品表面，这样可以润泽作品且能使作品保留的时间更久。注意时间久了要再擦油保养作品。

THE STORY OF THE PARTICIPANTS

小白领雪霁的小鹿台灯 / 8

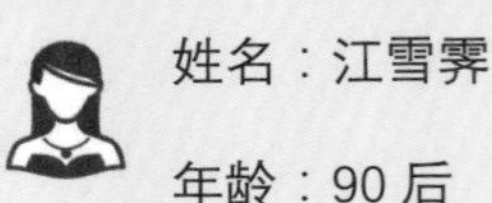

姓名：江雪霁

年龄：90 后

职业：国企职员

爱好：收集所有与美好有关的东西

因一次偶然机会，我与木结缘。

鹿在东西方都被认为是一种有神性的动物，它们充满灵性，犹如精灵。在一次游玩中，看到了精灵一般优雅温柔的小鹿之后，我决定亲手做一个关于鹿的物件。我相信，哪怕是小事，只要专注去做，就必定能做出结果。

金属的东西很重，塑料的东西很脆弱，木头却仿佛有生命一般，带着一种不惊不扰的韧性，温暖而不冰冷。而我对小而精致的东西情有独钟，于是下定决心，开始制作一盏小鹿台灯。

有人说过："生活中每天都会使用的东西，若是自己亲手做的，一定要好好珍惜。"每件作品都寄托着制作者的故事。我希望这个会发光的小精灵能够在床头陪伴我每一天，照亮黑暗，带来好运。

PRODUCTION PROCESS

小鹿台灯

(注意：专业设备危险性高，要在专业老师指导下使用专用机器。)

材料:
长方形木料1块、长方体木料1块、圆木榫棒4根、灯具1套、木工胶1瓶、矿物油1瓶。

工具:
铅笔、橡皮、直尺、鹿头模板、小型带锯、手电钻、台钻、开孔器、粗型号黄金锉、细型号木锉、夹具、螺丝刀、砂纸、棉布。

DRAWING 画角

1

用铅笔、橡皮、鹿头模板等工具在长方形木料上画出鹿角形状。

CUTTING 切角

2

用小型带锯进行锯切鹿角外形。

CUTTING 鹿身切形

3

鹿身

鹿尾

用小型带锯进行锯切画好的鹿头及鹿尾外形。

PUNCHING 鹿身开孔

4

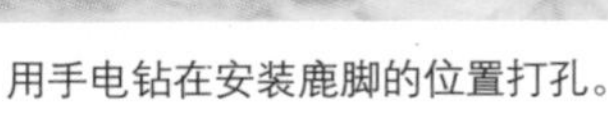

用手电钻在安装鹿脚的位置打孔。

用台钻在安装螺口灯头的位置进行开槽打孔，选用的开孔器为35毫米直径，注意开孔的深度，能把螺口灯头放入即可。

POLISHING 整体打磨

5

粗磨。把鹿角、鹿身及鹿头粗胚固定到台钳上，先用粗型号黄金锉进行粗修外形，再用细型号木锉进行细修。

细磨。逐级使用从 240 目至 600 目的砂纸打磨鹿头、鹿角和鹿身，注意不能跳跃砂纸的目数，否则会影响最终效果。注：可以使用方磨机。

ASSEMBLING&GLUING 组装 上胶

6

用木工胶涂抹鹿头、鹿身及鹿尾，在预定位置进行黏合。

用夹具进行固定，两小时后胶水凝固，方可把夹具拆下。

将圆木榫棒插入之前打好的鹿头的圆孔中，将鹿角插入固定。

将 4 根圆木榫棒插入之前打好的鹿身的圆孔中，当作鹿脚。

OILING 上油

7

将矿物油用干净的棉布蘸取擦拭作品表面，这样可以润泽作品且能使作品保留的时间更久。注意时间久了要再擦油保养作品。

ASSEMBLING 安装灯线

8

用螺丝刀将螺口灯头与灯线安装好，再安装灯泡，接入电源试灯。

THE STORY OF THE PARTICIPANTS

复古市集代言人的狙击枪

/ 9

姓名：陈帅

年龄：80 后

职业：蜜蜂市集创始人、
蜜蜂复古市集创始人、
古董家具销售商、
美国精品咖啡协会认证烘焙师、
BEE'S KNEES 复古空间创始人、
壹喜咖啡馆创始人

爱好：复古的东西

我 2011 年回国创业，创办了自家烘焙的壹喜咖啡，几年后在济南文化西路我又选了一处旧式厂房，打造了 BEE'S KNEES 西餐厅。蜜蜂的膝盖，寓意着杰出和顶尖。在老厂房原本的陈旧基调中，加入欧式复古元素，整个一层陈列着我最引以为豪的那些淘来的“老古董”——沙发、梳妆台、穿衣镜、缝纫机、凳子……每有朋友来，我都会乐此不疲地一一介绍这些东西的年代历史和故事。

匠杺社开在离 BEE'S KNEES 只有几十米的地方，在厨房和吧台的墙面上都贴着一句标语：“取于心，注于手，得以精品。”这正是对匠心的一种诠释，也成了 BEE'S KNEES 的造物理念。

在开业的第二个年头，我在店内增加了很多木头的元素，恰逢认识大宇，不论是店面需要还是店名契合度都完美对接，于是我们全员出动，去匠杺社制作比萨板与用于摆放咖啡的木碟，这是一次匠心的体验，也是一次理念的培养。

无论做咖啡还是做比萨都跟做木头有着千丝万缕的关系，因为手作的出发点应该取自于心，每一个细微的差别，像是咖啡多萃取了 1 秒钟，芝士少放了 10 克，少打磨了几下木头，都可能造成结果的失败。唯有取于心意，专注手艺，做出的产品才更有品质与高度。

做一个木头的作品，只有你和木头，每一次切割、削凿、打磨和上色直至产生一件作品，享受的就是从原木到产品的过程，全心全意的专注方不荒废这段人生好时光！

PRODUCTION PROCESS

长枪

注意：专业设备危险性高，要在专业老师指导下使用专用机器。

材料:
木料若干、圆木榫棒若干、木工胶 1 瓶、矿物油1瓶。

工具:
铅笔、橡皮、不锈钢直尺、长枪模板、线锯、小型带锯、手电钻、台钳、粗型号黄金锉、细型号木锉、夹具、砂纸、棉布。

DRAWING 画形

1

用铅笔、橡皮、不锈钢直尺、长枪模板等工具在选好的木料上画形。

SAWING 锯形

2

用手电钻在长枪扳机位置和枪托位置打孔。

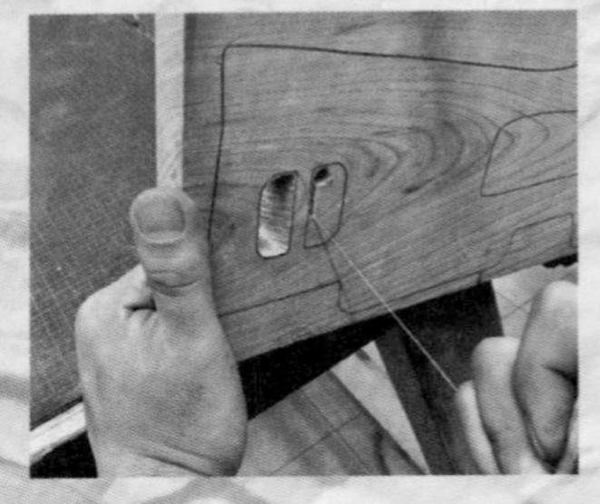

把线锯条穿入孔中，安装好线锯，然后沿着画好的线进行锯切，直到镂空。

CUTTING 切形

3

用小型带锯进行锯切长枪外形。

POLISHING 打磨(粗)

4

把长枪粗胚固定到台钳上，先用粗型号黄金锉进行粗修外形，再选择方磨机进行细修。

POLISHING 打磨(细)

5

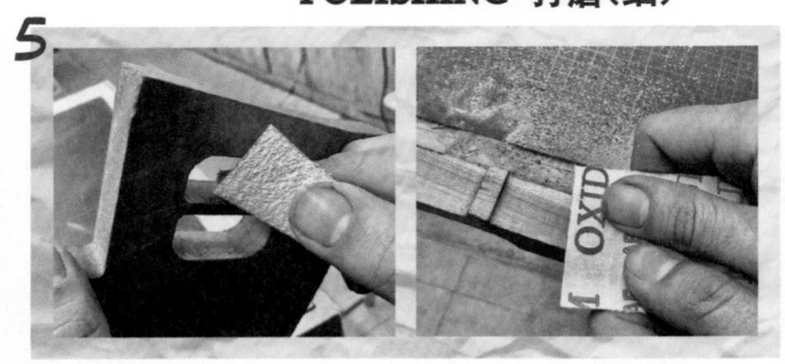

逐级使用从 120 目至 600 目的砂纸进行打磨，注意不能跳跃砂纸的目数，否则会影响最终效果。注：可以使用方磨机。

ASSEMBLING 组装

6

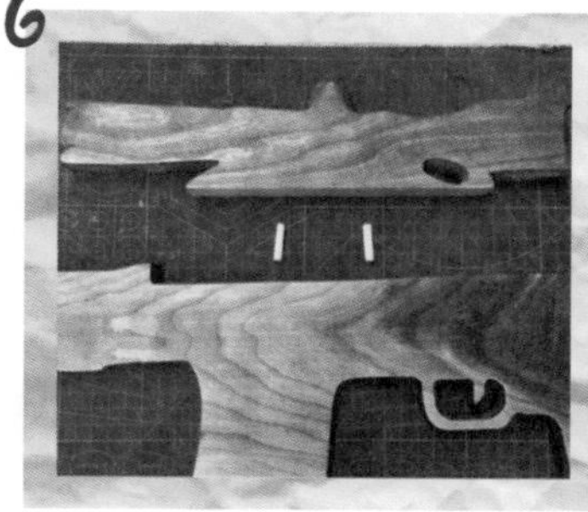

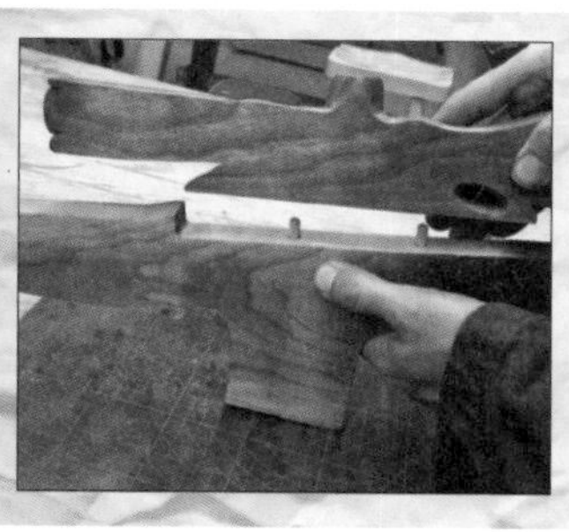

在枪体的预定位置进行打孔，安装圆木榫棒，粘贴枪镜部分。

用夹具进行固定，2 小时后胶水凝固，方可把夹具拆下。

OILING 上油

7

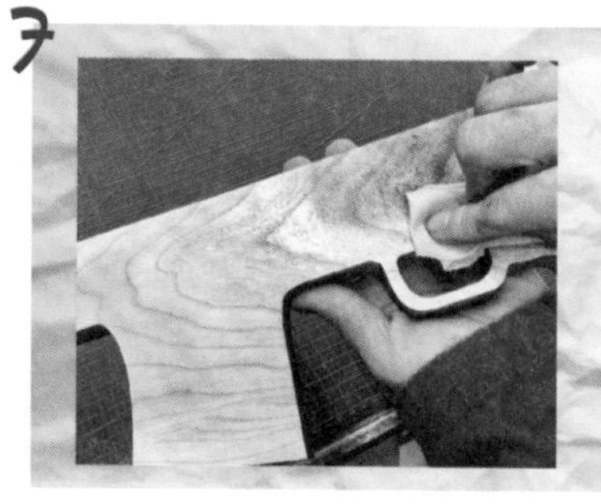

将矿物油用干净的棉布蘸取擦拭作品表面，这样可以润泽作品且能使作品保留的时间更久。注意时间久了要再擦油保养作品。

THE STORY OF THE PARTICIPANTS

准爸爸准妈妈的儿童木马 / 10

姓名：猛云

年龄：80 后

职业：自由职业

爱好：音乐 、拉丁舞

这是我们过得最有意义的劳动节。

起初我还在跟宝宝的爸爸商量，我们要给这个小生命准备什么样的新生礼物，想来想去我们还是决定自己动手做一个，送给我们即将出生的宝宝一个最真诚、最珍贵的礼物。

五一假期，我俩用整整三天的时间，把一块小小的木板经过打磨、切割等过程，变成了一只小木马，完美地展现在我们眼前。这个过程和初为人母时的心路历程很像，虽然过程很辛苦，但结局很美好。

看着宝宝一天天地长大，从最初爸爸骑在木马上逗着宝宝哈哈大笑，直到现在，宝宝可以自己骑着木马摇摇晃晃，在他众多玩具中独宠木马，好像在他的记忆中，也参与了木马制作一般。为了纪念这个特殊的礼物，我跟宝爸特意在木马上刻下了“劳动使你更快乐”这一行字。父母是孩子最好的老师，父母教给孩子的思想理念将决定着他的未来。我们也希望宝宝长大后能理解这份礼物背后的含义，那就是做任何事情都要靠自己的努力，你的收获一定跟你的用心程度成正比。

PRODUCTION PROCESS

儿童木马

注意：专业设备危险性高，要在专业老师指导下使用专用机器。

材料:
木料若干、圆木榫棒若干、木工胶1瓶、矿物油1瓶。

工具:
铅笔、橡皮、直尺、木马模板、线锯、小型带锯、台钻、立轴砂柱机、手电钻、台钳、砂盘机、细型号木锉、夹具、棉布。

1 DRAWING 画形

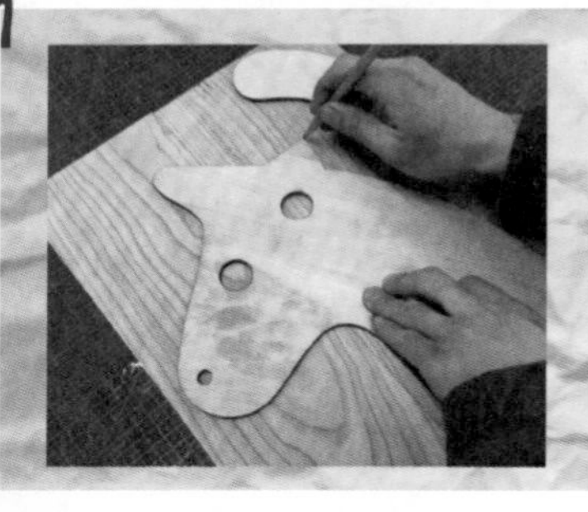

借助铅笔、橡皮、模板等工具在选择的木料上画形。注意比例尺寸要符合人体工程学。

2 CUTTING 切形

用小型带锯锯出马头的外形。

3 PUNCHING 打孔

用台钻安装合适大小的开孔器，分别打出木马的眼睛、鼻子及安装把手的孔洞。

4 POLISHING&TRIMMING 打磨 修整

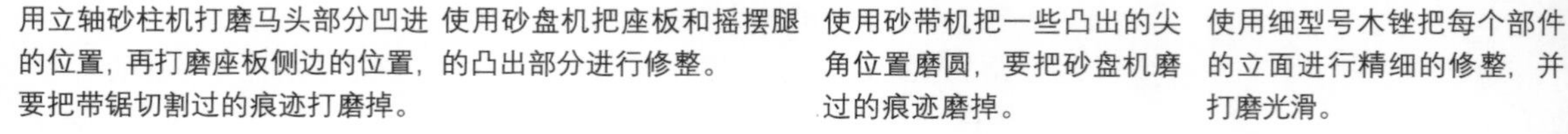

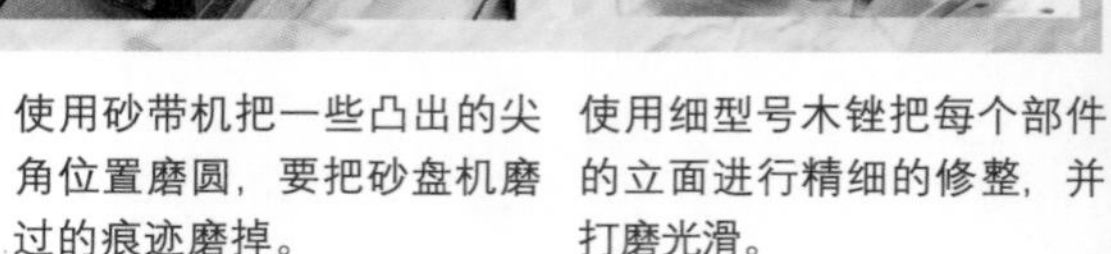

用立轴砂柱机打磨马头部分凹进的位置，再打磨座板侧边的位置，要把带锯切割过的痕迹打磨掉。

使用砂盘机把座板和摇摆腿的凸出部分进行修整。

使用砂带机把一些凸出的尖角位置磨圆，要把砂盘机磨过的痕迹磨掉。

使用细型号木锉把每个部件的立面进行精细的修整，并打磨光滑。

使用细型号木锉进行表面的打磨。

PREPARING&DRAWING 组装准备 画线

5

用铅笔、橡皮、尺子等工具在各个连接点位置画线。注意画好精确的交叉线，为后面打榫眼做准备。

MORTISING 打榫眼

6

先借助一个钉子在交叉线的连接位置敲击出一个定位孔，防止后面打孔时发生错位。

用手电钻进行打孔，注意角度和孔的深度，不要把座板打穿。

涂抹木工胶，并把提前做好的相应长度的圆木榫棒插进去，做好连接。

ASSEMBLING&GLUING&FIXING 组装 粘胶 固定

7

先组装粘贴好的座板和四根马腿，再固定好两根横撑，分别用夹具固定好。

待胶凝固后再固定摇摆腿和马头、马尾。然后用夹具固定住，等待胶水凝固。12 小时后胶水凝固，方可把夹具拆下。

THE STORY OF THE PARTICIPANTS

时尚大模儿的大木马 / 11

姓名：王芷欣

年龄：80后

职业：模特

爱好：美术、运动、航海、旅行

与匠杺社的结识源于一场说走就走的旅程，前一晚我跟姐妹聊起自己做个木马是件很酷的事情，第二天就坐上了北京开往济南的高铁。济南是一个闻名遐迩的古城，我每每路过却不曾停留过。第一次造访就与木艺结缘，一待便是七日，现在回想起来真是一次奇妙的探索之旅。

市面上的木马大多数千篇一律，因为在时尚界打拼了多年的职业习惯，我总是想弄点简约大气风格的东西，不落俗套也更经得起时间的考验。于是在申剑师父和韩林海老师的帮助下，我历经一天的画图构思，东拼西凑地把这款成人木马的图纸画了出来。剩下的就是选木材、拼花纹木色、抛光打磨等等一系列高难度又繁琐的工作……

其实世界上有很多事情看起来是简单而又美好的，可往往越是看似简单平凡的事情才越是考验人的技术水平、越是磨炼人的意志、越能提高人的技能…… 也许大道至简的含义就在于此吧。木工技艺给人带来的积极影响不仅仅是一件成品完成后的喜悦，而是化腐朽为神奇的魔力，一块块看似平凡的木头在你研究透了它们的属性、纹理和生长环境以后，再通过自己的双手赋予它新的生命力，这个过程才是奇妙无比。

愿以后的人生道路上不论遇到什么样的艰难险阻，都可以用木工传统不畏艰辛、精益求精的态度来面对，我想这也是匠人精神的精髓所在。也愿所有热爱木工技艺的朋友都能从匠杺社的手工制作过程中得到更多的快乐和惊喜。不忘初心，砥砺前行。

PRODUCTION PROCESS

大木马

注意：专业设备危险性高，要在专业老师指导下使用专用机器。

材料：
木料若干、蝴蝶榫若干、木工胶 1 瓶、矿物油 1 瓶。

工具：
铅笔、橡皮、直尺、大木马模板、推台锯、小型带锯、手工刨刀、台锯、车床、夹具、角磨机、百叶轮、砂纸、棉布。

1 DRAWING 画形

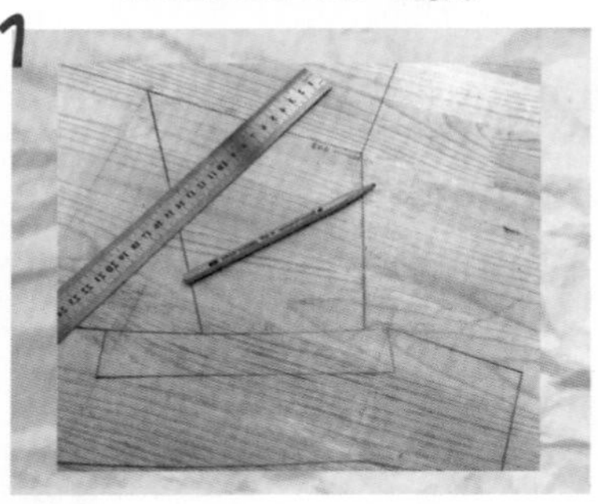

用铅笔、橡皮、大木马模板等工具在选择的木料上画形。注意比例尺寸要符合人体工程学。

2 CUTTING 切形

用推台锯和小型带锯进行锯切外形。

3 POLISHING 打磨

逐级使用从 240 目至 600 目的砂纸进行打磨，注意不能跳跃砂纸的目数，否则会影响最终效果。注：可以使用方磨机。

4 TRIMMING 修形

用手工刨刀进行表面修整。注意木头的顺逆纹理。

精修后，把所有构件平铺摆开，注意检查连接部位是否有缝隙，有不合适的地方要继续用刨刀修正。

做连接，所使用的榫接结构是蝴蝶榫，先制作好蝴蝶榫头，再在相应位置做出榫卯，进行预连接。

制作木马的座板，左右各粘贴一块木板，用来加宽座板的宽度接触面。

用台锯给踏板铣槽，注意卡槽的宽度要合适。

用车床制作握把。

5 ASSEMBLING 整体拼接

把各个部件拼接起来，用木工胶黏合，用夹具进行固定，12 小时后胶水凝固，方可把夹具拆下。

6 TRUING 精修外形

用角磨机换上百叶轮的打磨片，修整外形，要把外形处理圆滑，不要留有尖锐的外角。

7 OILING 上油

将矿物油用干净的棉布蘸取擦拭作品表面，这样可以润泽作品且能使作品保留的时间更久。注意时间久了要再擦油保养作品。

THE STORY OF THE PARTICIPANTS

电视里那个金姐的摇椅 / 12

姓名：刘金

年龄：80 后

职业：主持人

爱好：阅读 、烹饪 、发呆

很庆幸有匠杺社这么一个心灵栖息地，可以让自己远离城市喧嚣，忘却纷纷扰扰，将自己放置在一个不被人熟知的角落，耳畔温情的音乐附和着各种工具的敲击声，那是一种特别能让自己安静、专注、沉淀并回归的声响，我很喜欢这样的思无杂念与心无旁骛。

我经一副筷子的体验直接成为会员，是因为里面有我喜欢的课程——马洛夫摇椅。我觉得，不去挑战困难，永远不知道困难有多难。别人可以做到的事情，自己也一定能够做到！对于时间来说，不过是一个快与慢的问题。而自己真正动手去做，发现也并没有想象中那么难，有韩老师的指导，有这里每一个人的帮助，整个制作过程进度很快。有时候倒角累了，我就在一旁做个小东西，缓解一下。刚开始两天感觉有点吃不消，但我后面就适应了。而且这其中的收获和快乐，比那一点点疲惫多得多。

在这个世界上，遇到能让自己心动的，无论是人，还是事物，都应该去努力保留并延续这份感觉，不应把本该属于自己的时间，陪伴了不该去陪伴的人，做了毫无意义的事。简单的生活，就是放下不属于自己的一切，安安静静做自己喜欢的事情，无愧于心，无愧于光阴岁月。

PRODUCTION PROCESS

马洛夫摇椅

注意：专业设备危险性高，要在专业老师指导下使用专用机器。

材料:
木料若干、圆木榫棒、木工胶 1 瓶、矿物油 1 瓶。

工具:
铅笔、橡皮、直尺、模板、推台锯、小型带锯、角磨机、手锯、凿子、鸟刨、立轴砂柱机、方磨机、粗型号黄金锉、夹具、手电钻、砂纸、棉布。

COMBINING 选料拼板

1

根据模板尺寸选择木板。

拼接座板，用木工胶黏合，用夹具进行固定，12 小时后木工胶凝固，方可把夹具拆下。

制作摇摆腿，选择长度 155 毫米厚度 50 毫米的木板，用推台锯进行锯切，切出 4 毫米厚度的薄片。用木工胶把木片粘贴到一起，用夹具排列均匀地固定到模板的曲面上，12 小时后胶水凝固，方可把夹具拆下。摇摆的形状就会定形。

DRAWING&CUTTING 画形切割

2

根据模板进行画线，用铅笔把轮廓线描摹到每一部分的木板上。注意比例尺寸要符合人体工程学。

用推台锯和小型带锯进行锯切外形。

MAKING 制作 雏形

3

用角磨机将每个部位打磨修出底板的基本造型，符合人体工程学的标准，坐上去要舒服。

制作前后腿。把前后腿的两端用鸟刨刨圆，两根前腿对称。用手锯和凿子做出前腿的凹槽。

制作扶手和冒头，用鸟刨修形刨圆，保证两个扶手对称。用鸟刨修出冒头的曲面形状。

制作靠背竖撑，用鸟刨修形刨圆，保证七根竖撑形状一致。

POLISHING&TRIMMING 打磨 修形

4

用立轴砂柱机打磨扶手部分凹进的位置，再打磨座板侧边的位置，要把带锯切割过的痕迹打磨掉。

使用方磨机进行表面的打磨。

用粗型号黄金锉修整，把边角尖锐的位置挫圆滑。

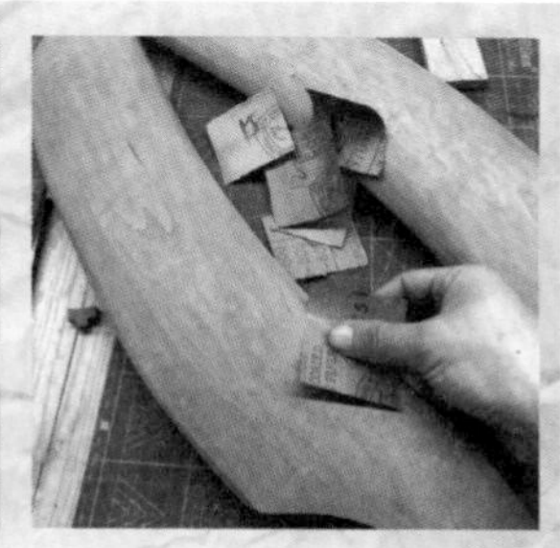

用砂纸把每个部件的立面进行精细的修整并打磨光滑。砂纸从 120 目至 600 目逐级打磨，注意不能跳跃砂纸的目数，否则会影响最终效果。

ASSEMBLING 拼接组装

5

借助夹具和尺子进行测量预组装，看每个位置是否准确连接，对不合适的位置进行修整。

用手电钻在座板上进行打孔，注意角度和孔的深度。不要把座板打穿。涂抹专业的木工胶水，并把提前做好的相应长度的圆木榫棒插进去，做好连接。

先组装粘贴好座板和四条腿，再固定好冒头和横撑，分别用夹具固定好。待胶凝固后再固定摇摆腿和扶手。然后再用夹具固定住，等待胶的凝固。12 小时后胶水凝固，方可把夹具拆下。

OILING 上油

6

将矿物油用干净的棉布蘸取擦拭作品表面，这样可以润泽作品且能使作品保留的时间更久。注意时间久了要再擦油保养作品。

THE STORY OF THE PARTICIPANTS

女主编的梳妆盒 / 13

姓名：Nancy

年龄：80 后

职业：设计类图书策划编辑

爱好：孜孜不倦地将生活美学进行到底

我的父亲，在他青少年的时候，曾经拜过师学过多年木匠，后来做了半生的木工模型技师。当然他还抽空学了铸剑，铁木结合，他给自己做了把猎枪。但是，猎枪在鲁西南平原的城镇上，并无用武之地。我父亲只能偶尔傍晚的时候，在卧室瞄准我们自家院子的鸡窝，盯着偷吃鸡食的老鼠打。有一年严打，我父亲就把枪交公了，五好青年一个。

我是一名编辑，在我策划的诸多生活美学类图书中，木工书是非常受欢迎的品类。手作书出版久了，小时候的记忆袭来，我也技痒得很。我一直想做一个首饰盒，虽然我是个不化妆的人，却要做妆盒。因为我平时东西很少，不外乎面霜、口红、手表和心经手镯。一个巴掌大的盒，加一面圆圆的小镜子，足以应对一切了。

我向老师比画心中的妆盒多大、多厚，镜子的位置，磁铁的位置。我的指导老师否定了我十来个不切实际的想法后，定了稿，开工！

老师现场给我备料。大型电动设备由老师操作，比如开料、切割、刨切等，我亲自做的是画线、磨、搽、抹胶、打孔、粘这些简单工作。因为我赶傍晚五点的飞机，为了赶进度，从最开始一两个老师帮我，到最后上磁铁阶段，基本上老师和其他学员围了一大圈，大家都出主意，想对策。芝麻大的磁铁，若上下对不齐，就会把盖子给弄歪，威力很大。大家都捏一把汗，好在最后一分钟完工了，一切都很完美。我拿块布在去机场的车上抹的矿物油，边走边抹。一路端着盒子去的机场，端着盒子上的飞机，端着盒子回的家。

知道的朋友笑我，说这一路“端”，“端”出个故事了吧！我发照片给我父亲看，他说我做得不错！这是来自那个年代老模型技师的点评，是极高的评价呢。

没有老师们的经验和辅助，我不可能在短短的一天约 8 小时的时间内做出一个木妆盒，全程跟梦境一样。现在每天面对这个妆盒的时候，还是有点不敢相信，这个要跟我一辈子的木妆盒，真的是我做出来的么？！

PRODUCTION PROCESS

梳妆盒

注意：专业设备危险性高，要在专业老师指导下使用专用机器。

材料:
木料若干、木工胶 1 瓶、合页 2 对、圆形镜片 1 个、磁铁 2 个、矿物油 1 瓶。

工具:
铅笔、橡皮、直尺、模板、推台锯、小型带锯、台钻、夹具、手工刨刀、粗型号黄金锉、细型号木锉、画线规、凿子、螺丝刀、砂纸、棉布。

SAWING 开料

1

使用推台锯，调整锯片角度，使其成 45 度，开料。

DRAWING 画镜片

2

用铅笔、橡皮、模板等工具比着镜子的形状在木料上画出形。

PUNCHING 打孔

3

用台钻安装合适大小的开孔器，分别打出用于镜片安装的孔洞。

POLISHING 打磨内面

4

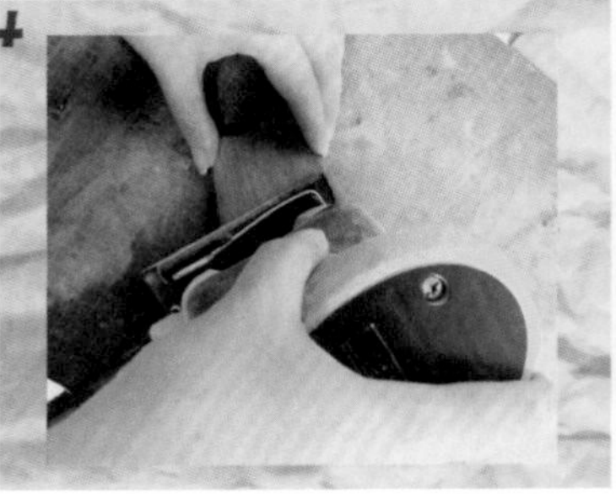

逐级使用从 240 目至 600 目的砂纸进行打磨，注意不能跳跃砂纸的目数，否则会影响最终效果。

GLUING 黏合

5

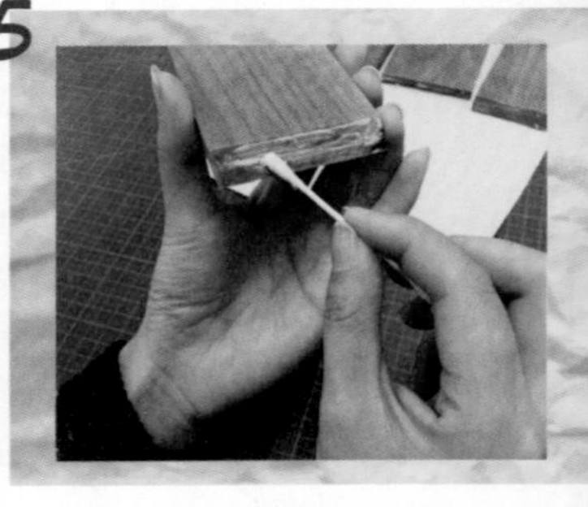

用木工胶涂在选好的木料侧边，在相应位置进行黏合。

FIXING 固定

6

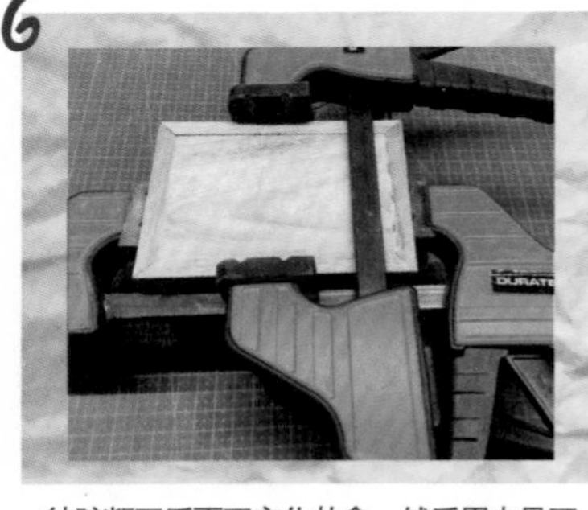

待胶凝固后再固定化妆盒，然后用夹具固定住，等待胶水凝固。2 小时后胶水凝固，方可把夹具拆下。

PLANNING 刨平表面

7

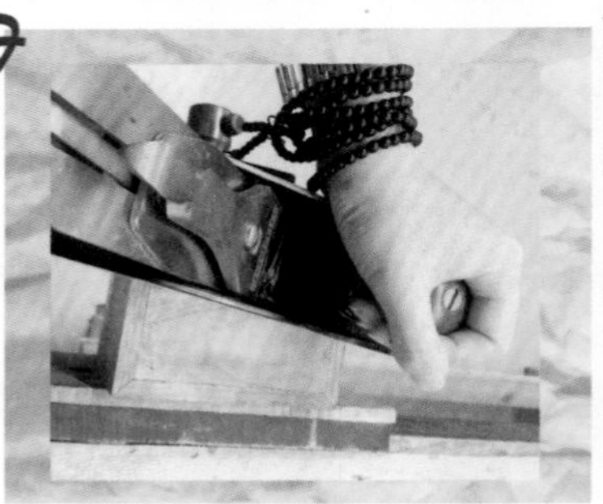

用手工刨刀把侧边的表面刨平整，注意木头的顺逆纹理。

POLISHING 打磨表面

8

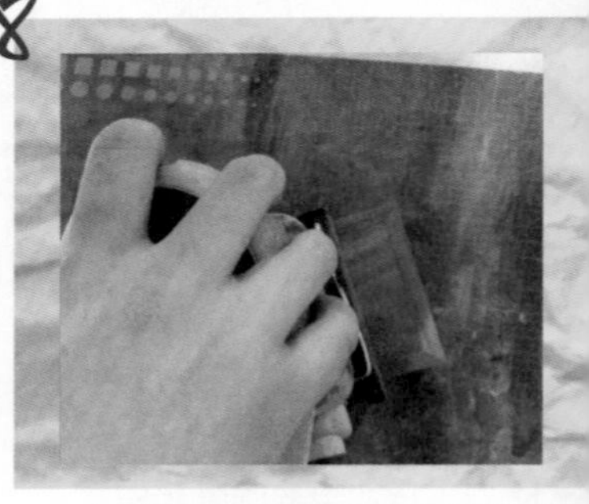

选择粗型号黄金锉进行粗修外形，再选择细型号木锉进行细修。

CUTTING 切盖

9

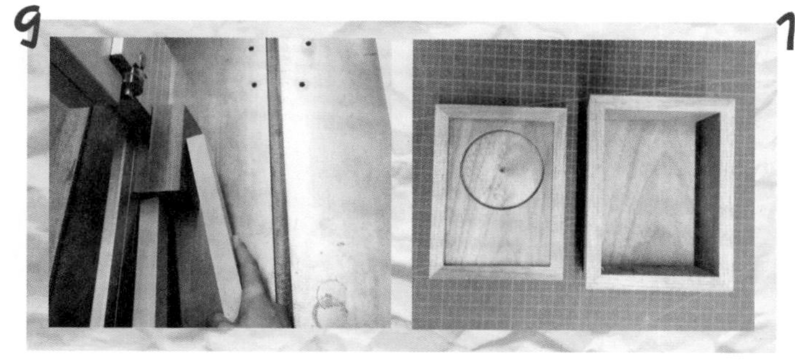

用小型带锯对设计好的盒盖外形进行锯切。

PLANNING 刨平边缘

10

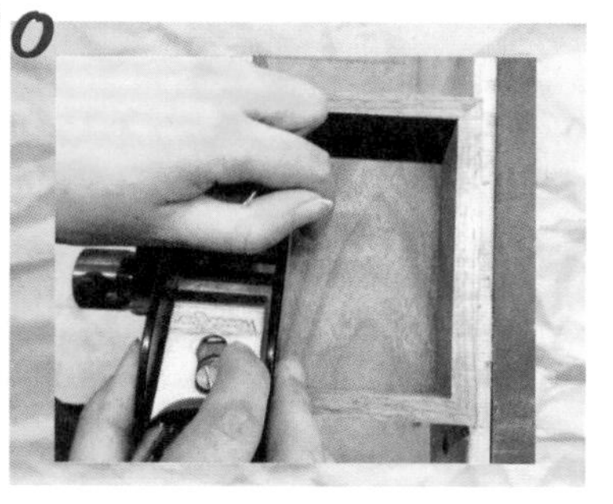

用刨子把边缘的表面刨平整，注意木头的顺逆纹理。

DRAWING 画线

11

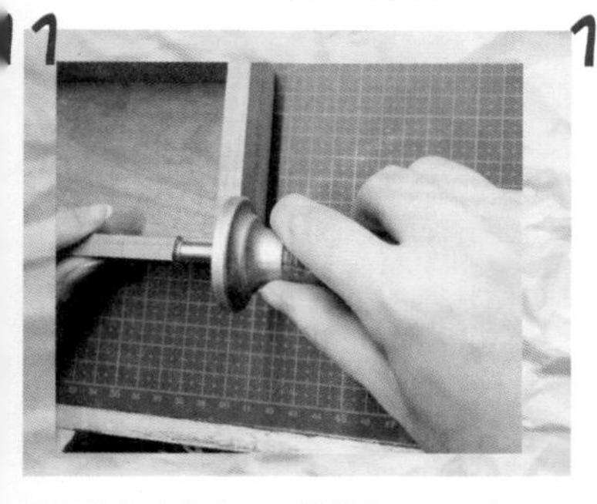

用画线规确定合页开槽的位置及深度。

SAWING 开槽

12

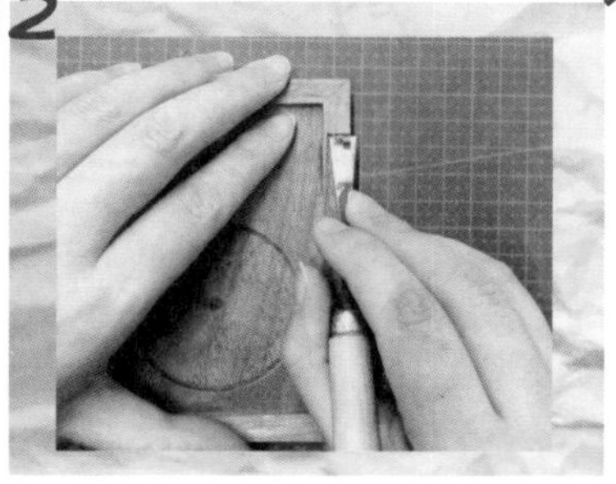

使用凿子开出安装合页的卡槽，重复步骤 3 在需要的位置打孔。

ASSEMBLING 安装合页

13

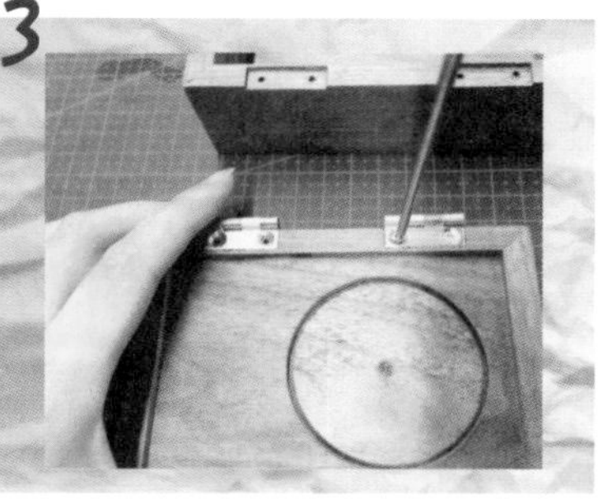

用螺丝刀将合页安装在之前打孔的位置上。

PUNCHING 打孔

14

用台钻分别打出用于安装磁铁的孔洞。

ASSEMBLING 安装

15

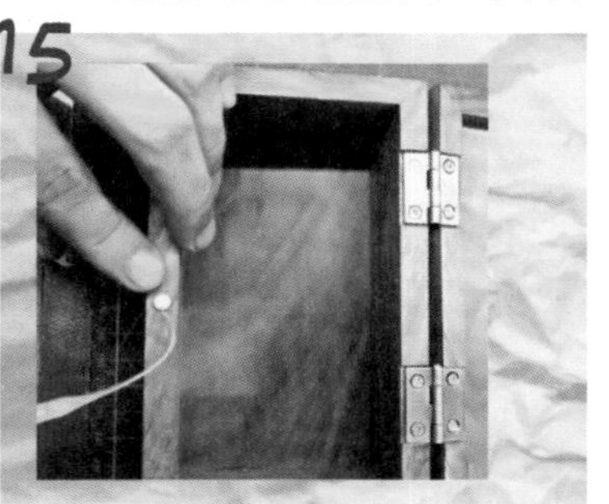

将磁铁安装在之前打孔的位置上，并在镜片位置将镜片装上。

OILING 上油

16

将矿物油用干净的棉布蘸取擦拭作品表面，这样可以润泽作品且能使作品保留的时间更久。注意时间久了要再擦油保养作品。

APPENDIX

附录

1. 工具

防护工具

度量工具

手动工具

电动工具

其他工具

2. 木材

TOOLS

工具 /1

防护工具

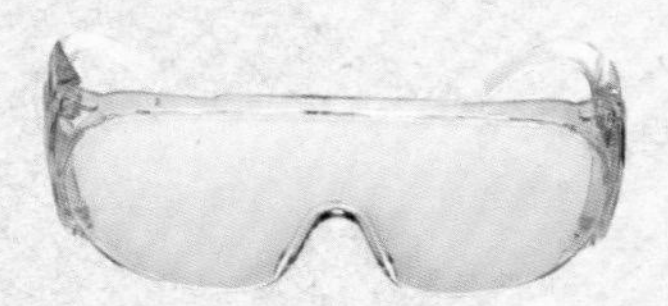

护目镜

在切割及打磨的时候，保护眼睛免受粉尘的侵袭。应选择具有全面的侧翼防护以及防雾功能的，一般头戴式优于挂耳式。

防尘口罩

由于木屑、粉尘会刺激呼吸道因此需要防护，木作完毕必须抛弃一次性口罩或更换滤片，一般头戴式优于挂耳式。

防护手套

防止割伤，不宜选择太厚及太大的防护手套，表面带胶粒的纯棉手套比较适宜。注意：防护手套仅在手工木作中使用，使用电动工具时禁止佩戴手套，以防被机器卷入发生意外。

度量工具

直尺

具有精确直线棱边的尺形量规。

三角尺

也称为三角板，是一种常用的作图工具。

直角尺

直角尺，是检验和画线工作中常用的量具，用于检测工件的垂直度及工件相对位置的垂直度，是一种专业量具。

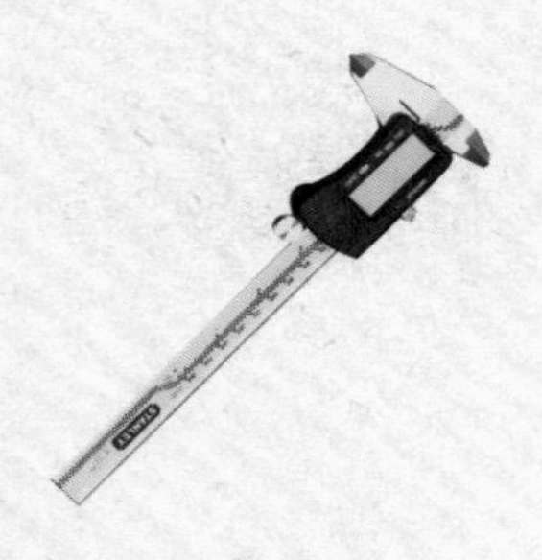

游标卡尺

是一种测量长度、内外径、深度的量具。游标卡尺由主尺和附在主尺上能滑动的游标两部分构成。若从背面看，游标是一个整体。深度尺与游标尺连在一起，可以测槽和筒的深度。

手动工具

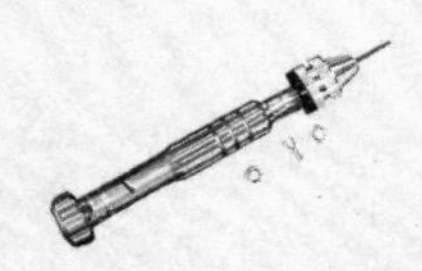

手钻

用于吊坠等小物件打孔。

螺丝刀

是一种用来拧转螺丝钉以迫使其就位的工具，通常有一个薄楔形头，可插入螺丝钉头的槽缝或凹口内。主要有一字和十字两种。

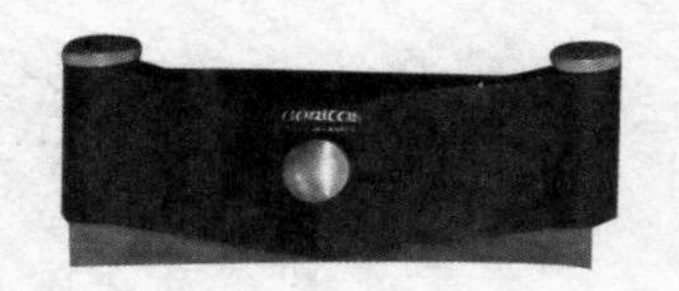

刮板

用于倒角、去除毛刺锉痕等，属于刮磨工具。

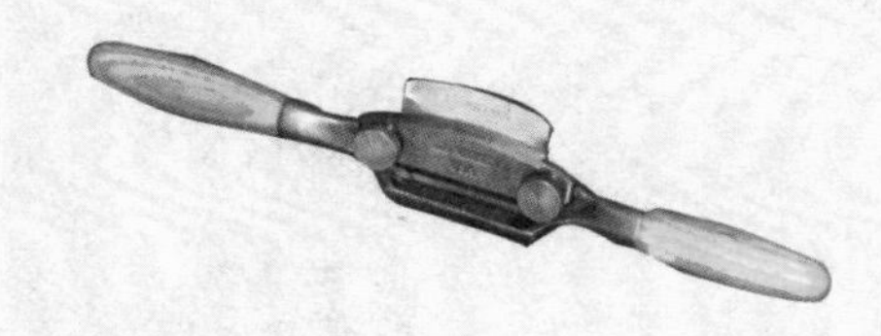

鸟刨

鸟刨也叫一字刨，用来刨削复杂的表面和不规则的图案，比如弧形，曲线等。

拉刨

也叫日本刨，是向后拉着刨削的手工刨。拉刨由刨体、刨刀、盖铁、千斤棍等组成。拉刨使用专用刨刀，其形状为上宽下窄、上厚下薄。拉刨的切削角（刨刀钢面与刨体底面的夹角）一般为38°～45°，这样的切削角度适于刨削软质木材，再加上刨刀较宽，刨削效率较高。

欧式刨

为铸铁刨体，并配有刨刀深度及横向调节系统。有两个手柄，一手握住前手柄，起到导向的作用，另一手握住后手柄，起推动作用。使用及调整都非常简单，即便对于木工新手来说也非常容易上手。

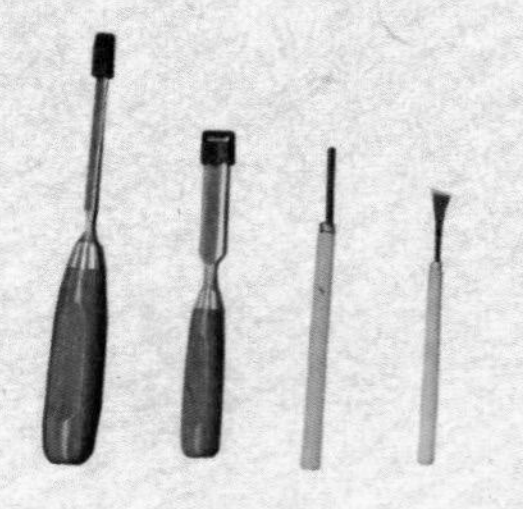

凿子

是一种钢制工具，在柄或把手的末端带有刃口。使用凿子打眼时，一般左手握住凿把，右手持锤，在打眼时凿子需两边晃动，目的是为了不夹凿身，另外需把木屑从孔中剔出来。半榫眼在正面开凿，而透眼需从构件背面凿一半左右，反过来再凿正面，直至凿透。

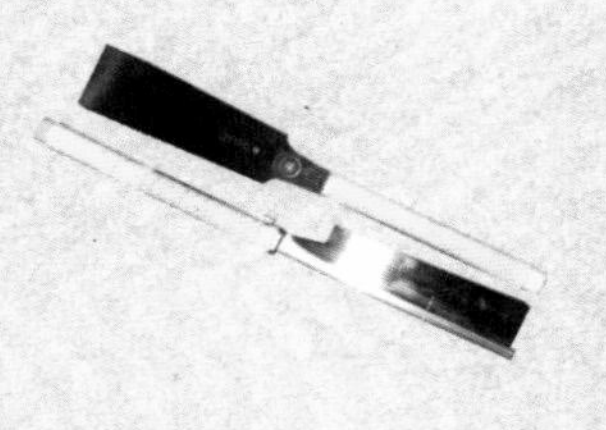

双刃锯

锯片两侧都有锯齿，一侧是横切锯齿，另一侧是纵切锯齿，不管是粗加工还是精细加工都可以胜任。

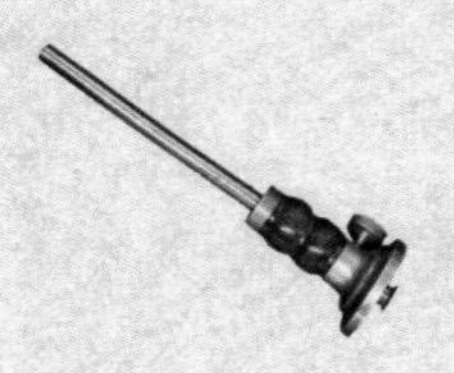

画线规

画线规可分为普通式和弹簧式两种，又名矩叉、圆规，用于划圆或弧、分角度、排眼子等。

夹背锯

一种锯片被固定住的刀锯，不易切歪。

锤子

锤子是敲打物体使其移动或变形的工具。

砂纸

分为粗磨砂纸（50~120 目，打磨后表面粗糙）、中磨砂纸(150~360 目，打磨后表面有细微划痕)、精磨砂纸(400~800 目，打磨后表面比较光滑，用手抚摸感觉不到毛刺）和抛光砂纸（1000~7000 目，打磨后表面细腻光滑有光泽）。

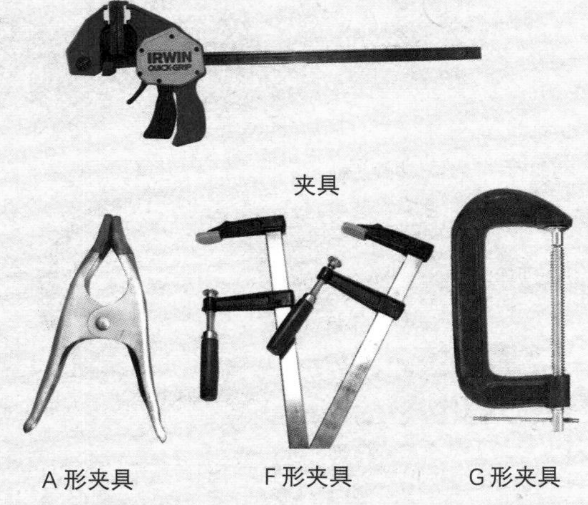

夹具

A 形夹具　F 形夹具　G 形夹具

分为 A 形、F 形和 G 形木工夹等类型，用来固定木料。

台钳

可以将木料平放或竖起，固定在台面上。夹持工件时用手扳紧即可，不得用加力杆或敲击，以免损坏丝杆、螺母，同时工件夹紧的程度要合适，注意防止夹伤工件表面。

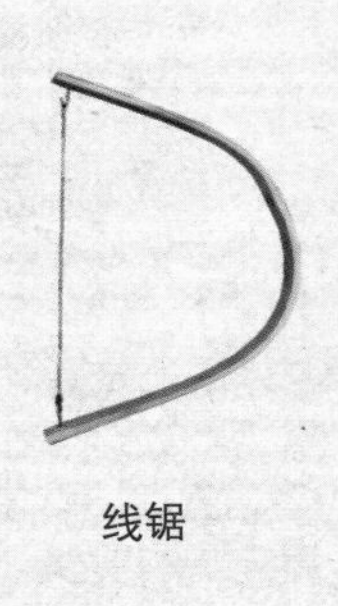

线锯

制作小物件时，线锯是最方便的工具，可依照材料的厚度选择不同齿数的线锯条，通常以 3 厘米厚的木料为限。

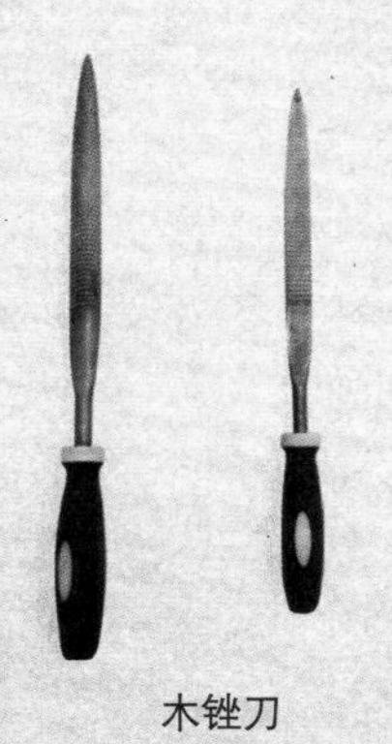

木锉刀

两头分别有粗齿和细齿，粗齿部分适用于粗加工及较软木料的锉削，细齿部分适用于细加工及较硬木料的加工。

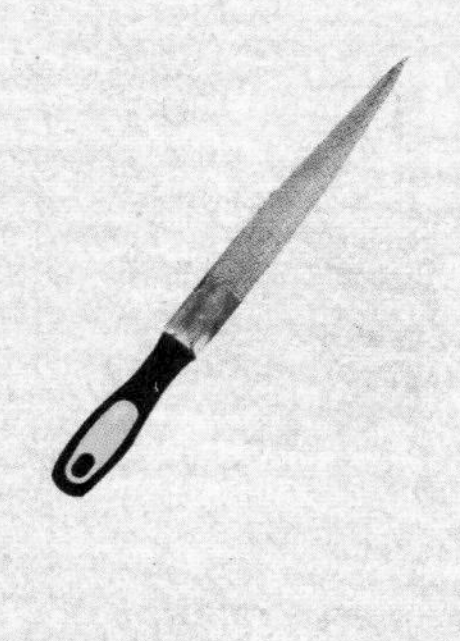

黄金锉

因表面有喷金色漆所以又名‘黄金锉’；常被用来锉稍大些的小件，具有比较锋利的特点；但因为齿过大，操作难度大很。

电动工具

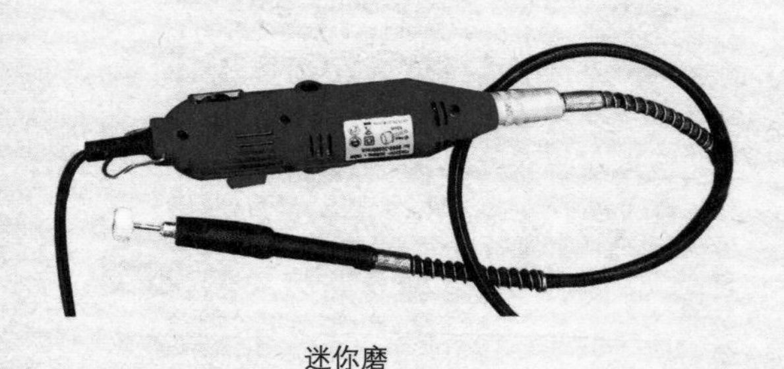

迷你磨

俗称磨头机、电磨、电动砂轮机，用砂轮或磨盘进行砂磨的电动工具。

立轴砂柱机

立式磨床，圆形电磁吸盘工作台，采用砂瓦端面进行磨削的一种高效率、精密稳定的加工机床。

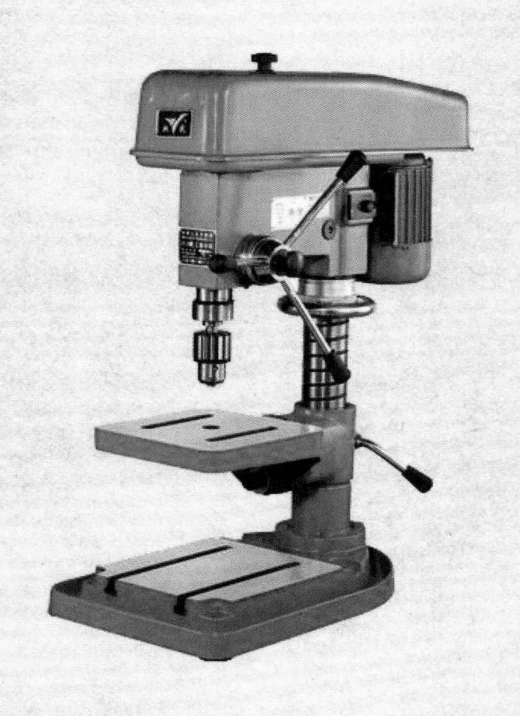

台钻

台式钻床简称台钻，是一种体积小巧，操作简便，通常安装在专用工作台上使用的小型钻孔加工机床。台式钻床钻孔直径一般在 32 毫米以下，最大不超过 32 毫米。其主轴变速一般通过改变三角带在塔形带轮上的位置来实现，主轴进给靠手动操作。

角磨机

利用高速旋转的薄片砂轮或橡胶砂轮、钢丝轮等对构件进行磨削、切削、除锈、磨光加工。

手电钻

手电钻是最基本的电动工具，除了在木头上钻洞或锁螺丝外，也可搭配水泥钻头在墙上钻洞，业余使用上只需要基本功能，依照预算选购即可。使用内附的扳手来更换钻头。通常电钻能靠手指按压扳机的力道来控制转速，试着掌握控制转速，才不会在用它锁螺丝时发生空转造成螺丝头的磨损。

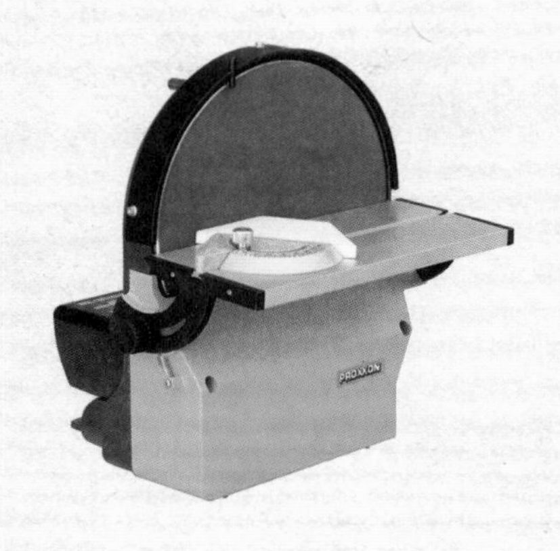

砂盘机

比砂带机更适合处理小面积的磨平，在重要的胶合处可以先用它来处理。由于砂纸是粘贴式的，一旦撕掉就无法再使用，而且更换砂纸需将机器拆开，因此建议使用 100 目的砂纸，比较耐用。

震动磨砂机

震动磨砂机有两种类型，一种是底部呈方形的，只有震动功能，还有另一种底部呈圆形，能够旋转打磨，效率较高。选购时需考虑砂纸的费用，一般方形震动砂纸机使用的是四分之一张砂纸，可以自行裁切，而圆盘砂纸机则必须购买专用砂纸，成本较高。

修边机

修边机的功能类似机械加工中的铣床，一般手持操作，可以搭配各种刀具或辅具实现精准切削。修边机常见的配套刀具有圆角刀、T 形刀、鸠尾、榫刀、直刀、圆头刀、圆弧清底刀、前钮刀和后钮刀等，修边刀有各种形式和尺寸，也可以订制自己想要的外形。

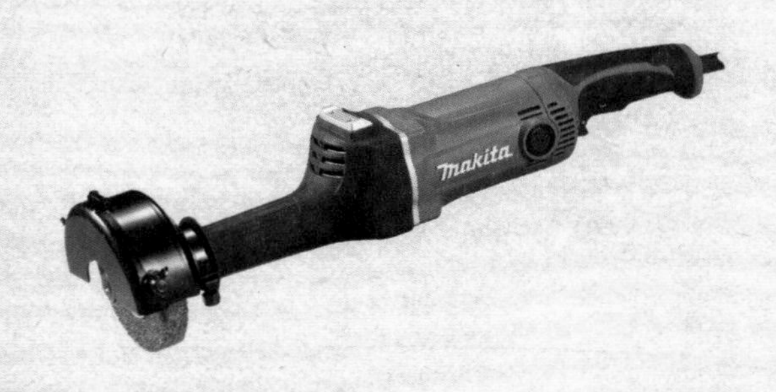

手持砂轮机

手持砂轮机能安装多种不同用途的砂轮片，可以切割金属或木头，也可以替旧木料去漆，不过粉尘会很多。以初阶的木工制作来说，并不会经常使用手持砂轮机。

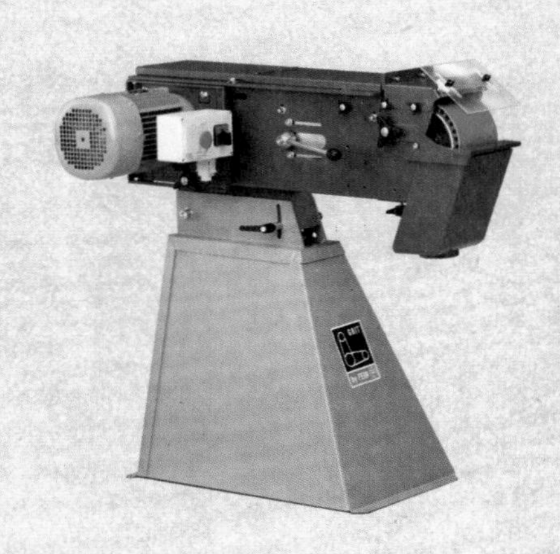

砂带机

砂带机是最常用的机器之一，由于是以砂磨的方式加工，所以不会有像是带锯机或圆锯机加工后木头纤维被撕裂的情况出现。初学购买桌上型的砂带机就已足够。砂磨时会产生大量粉尘，需搭配吸尘器使用。建议将砂带机旋转 90 度后使用，再自制一个跟砂带垂直的桌面当作基准面。

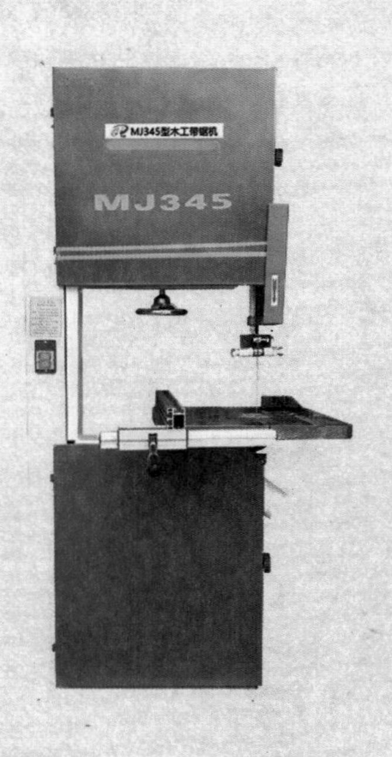

带锯

可以把带锯机想象成是更大一点的线锯机，但由于锯条是环形的，无法像线锯一样切割木料中心。通常用来切割线锯机无法处理的厚木料，或是将材料剖半。

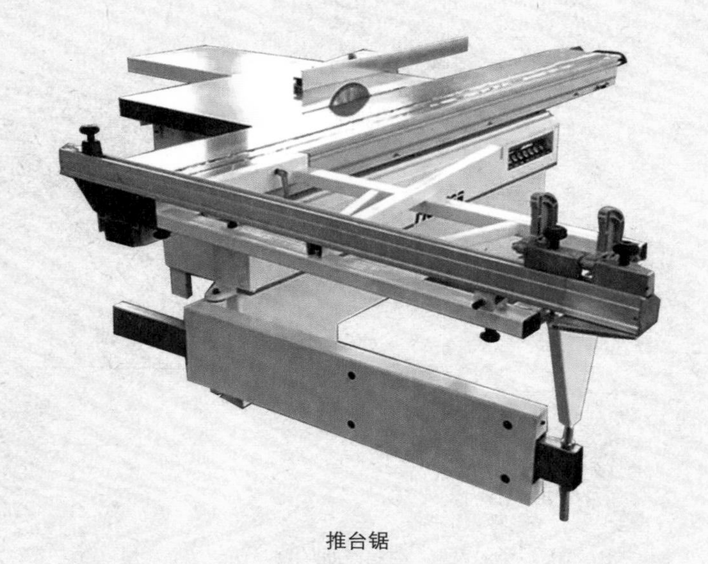

推台锯

推台锯的主要结构是由滑动台，工作台面，横档尺，溜板座，主锯，槽锯等。加工操作时，工件放在移动工作台上，手工推送移动工作台，使工件实现进给运动。操作十分方便，机动灵活。

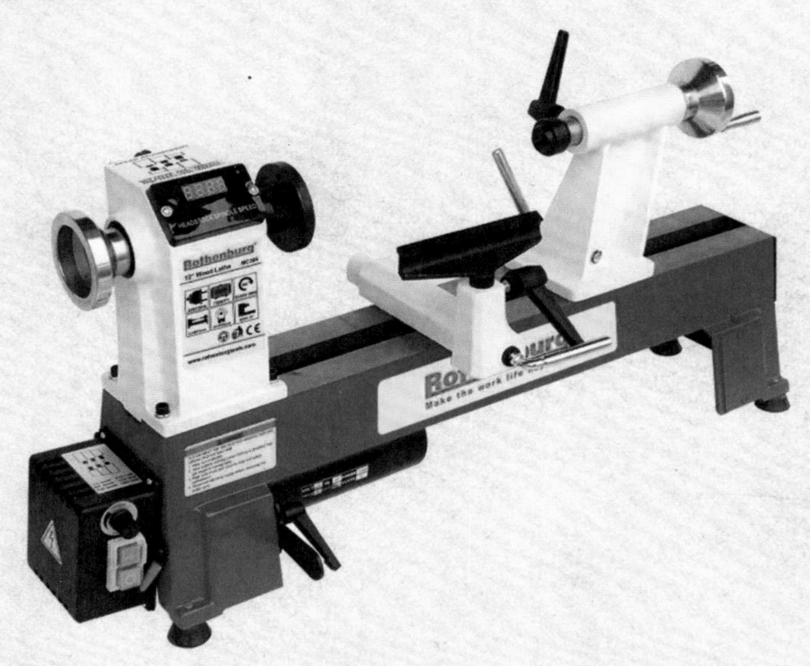

车床

是主要用车刀对旋转的工件进行车削加工的机床。在车床上还可用钻头、扩孔钻、铰刀、丝锥、板牙和滚花工具等进行相应的加工。

其他工具

抛光膏

用于树脂、木器漆面等产品抛光的一种性能类似于磨砂膏的磨料。由油料和粉料两部分按照科学配比制成。使用时，须先把抛光膏顺着抛光轮转动的方向擦拭均匀，然后将被抛工件拿来与抛光轮做抛物线运动。

矿物油

无色半透明油状液体，无或几乎无荧光，冷时无臭、无味，加热时略有石油样气味，不溶于水、乙醇，溶于挥发油，混溶于多数非挥发性油，对光、热、酸等稳定。用于滋润、保养木制品。

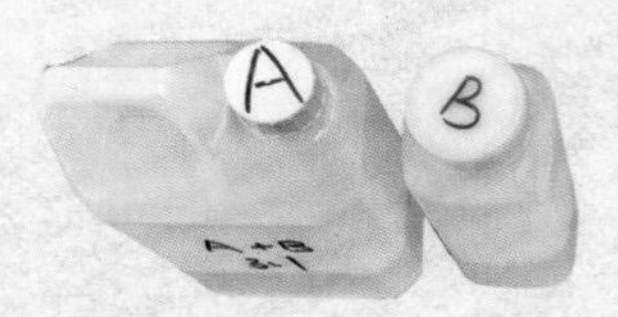

A 胶　　B 胶

透明环氧树脂 AB 胶是一种两液混合硬化胶，A 液是本胶，B 液是硬化剂，两液相混才能硬化。用于制作含树脂材料。

合页

又名合叶，正式名称为铰链。常组成两折式，是连接物体两个部分并能使之活动的部件。普通合页用于橱柜门、窗、门等。

木工胶

用于黏合木料。

牙签

用于树脂上色。

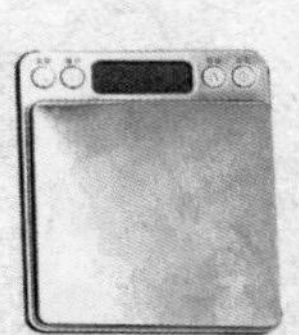

电子秤

用于称量。

细绳

用于穿挂吊坠。

模板

制作前用于画形。

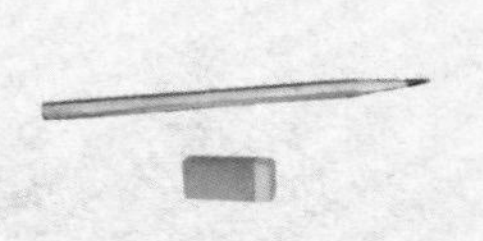

铅笔与橡皮

用于画形画线。

透明燃料

用于树脂上色。

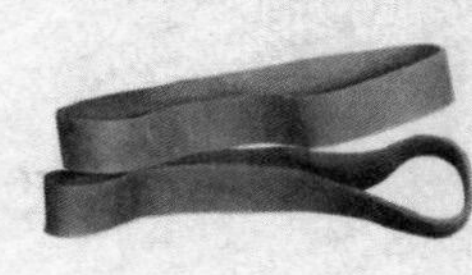

皮筋

在木料涂胶后，用于固定木料。

镜片

用于制作小镜子。

WOODS

木材 / 2

降香黄檀

1

名贵的家具用材。具有如水波般多变的带状条纹及“鬼脸纹”，色彩如夺目的金黄及红褐色，并带有清新的芳香气。

榆木

2

榆木质坚，韧性良好，纹理清晰流畅，硬度与强度适中。弹性良好，耐湿、耐腐。可用于雕刻，北方家具市场较常见。

铁犁木

3

铁犁木又称铁力木、铁栗木。质初黄，用之则黑，因其高大多制作大件器物。

樟木

4

木材呈淡黄色或红棕色，夹杂自然多变的木材纹理。可进行染色或雕刻处理。泛有清凉淡雅的香气，可驱虫避秽。

榉木

5

纹理流畅、细腻清晰，色调柔和，富有光泽，抗冲击，蒸汽之下易弯曲，可制作不同的造型，握钉力强。

楠木

6

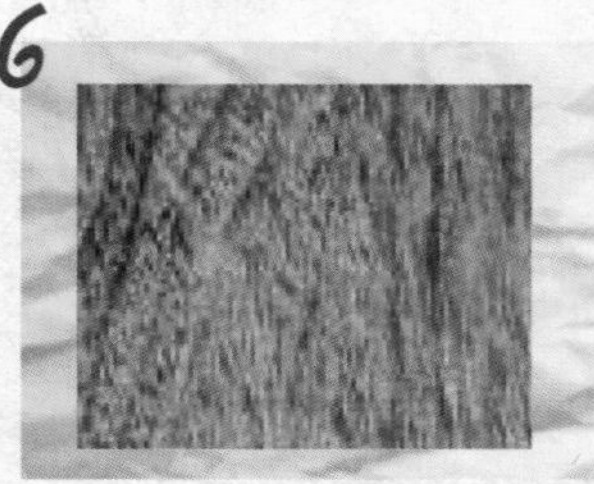

金黄色，色泽夺目，华丽优美，具有很高的欣赏价值。不易变形，弹性较好，洋溢着芳香的气息，木质坚硬耐腐，使用寿命较长。

楸木

7

硬度及质量适中，刨面光洁，耐磨性较强。色彩及纹理较柔和，清晰而均匀。结构较粗，富有韧性，不易开裂翘曲。

古船木

8

古船木原材料取自旧木船，经过海水几十年的浸泡具有强烈的沧桑感，并兼有防水、防虫的功效。船木一般采用比较优质的硬木。

檀香紫檀

9

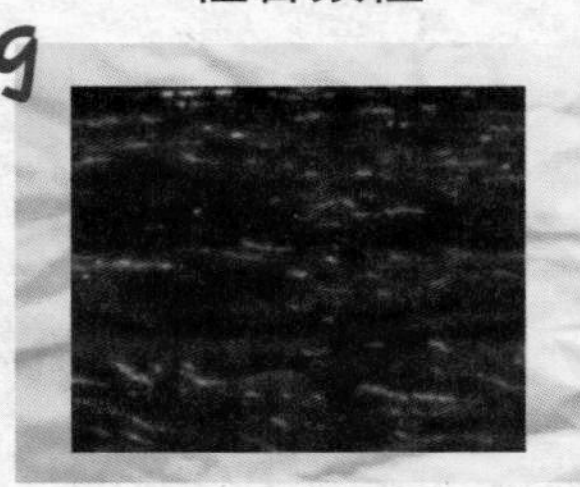

在所有制作家具的木材中最为细密坚硬。色彩从紫红到深紫不等，抛光后，有温润古雅的光泽，夹杂优美的纹理。非常适宜雕刻。

水曲柳

10

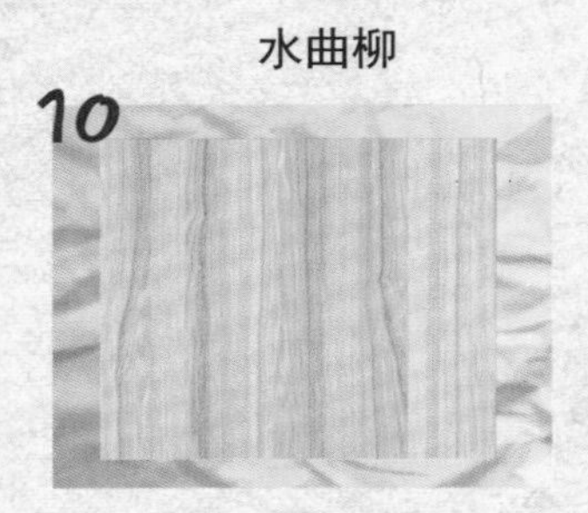

光泽性强，略具蜡质感；弦面上拥有山形的美丽花纹。纹理直，结构较粗，具有良好的胶粘、油漆、着色性，加工时切面光滑。

酸枝木

11

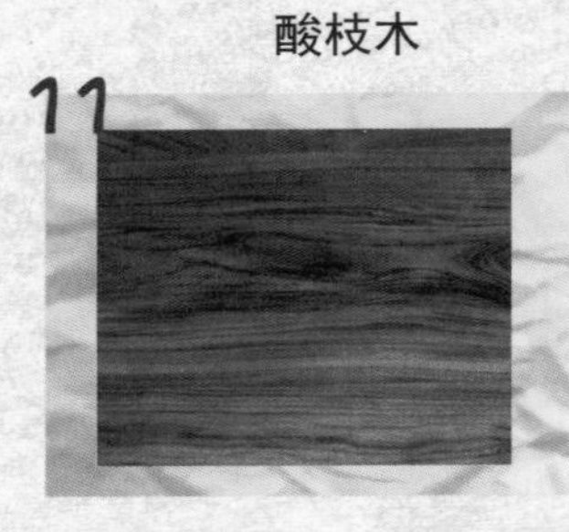

是世界闻名的高级木材。木质坚韧细腻，切面光洁。色易变深，内部含有丰富的油质，耐腐性强，切割时有明显的酸香气。

鸡翅木

12

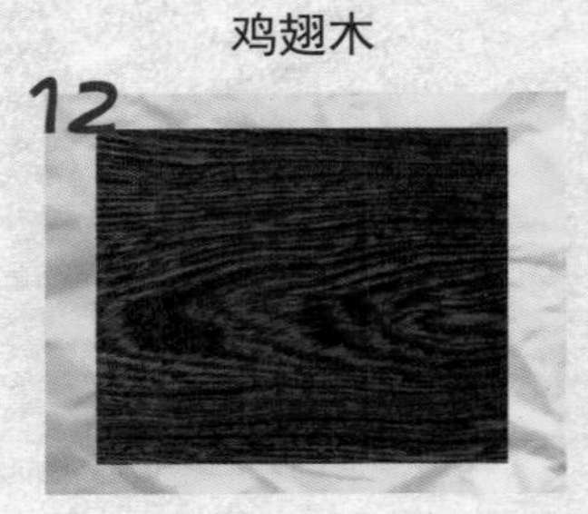

纹理繁复，形成赏心悦目的“花云状”。强度较高，干缩性较强，加工较难，易钝刀。耐腐，弯曲性能较好。

山毛榉

13

纹理细腻，易于成型，抗压力强，不易分裂。易于染色、油漆和黏合。运用蒸汽更易加工。弯曲时较硬，不易于铣削。

黄杨木

14

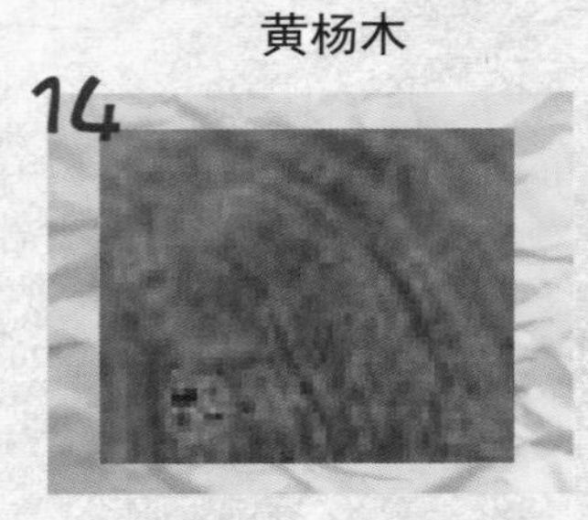

木质细腻，肉眼看不到棕眼，因其生长缓慢，很难见到大料，多作为工艺品摆件或名贵家具上的局部镶嵌。

乌木

15

坚固、沉重，心材呈黑色或黑褐色，具有弦向的细条纹状，排列均匀。

柚木

16

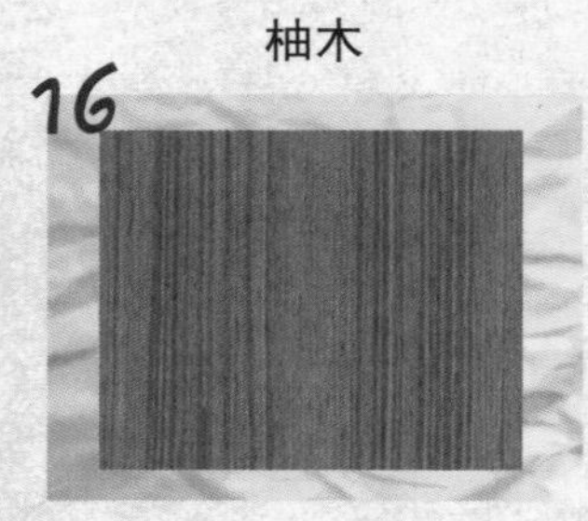

柚木的心材具有金色光泽，略具油质感。纹理通直，结构较粗，易钝刀。有较好的上蜡性能。

樱桃木

17

高档木料，木纹多为直纹，抛光性能、涂装效果、机械加工性能良好，干燥较容易。

枫木

18

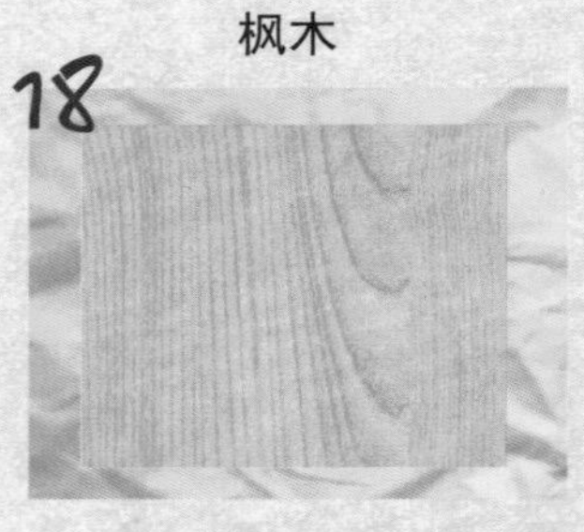

花纹柔美，材质密实，抛光性能较好。其中加拿大枫木最具代表性，有的花纹呈雀眼状或虎背状。

胡桃木

19

主要产自北美及欧洲，是世界闻名的家具用材，常用于建筑工程木造部分、高档家具、中高档汽车的饰面。

橡木

20

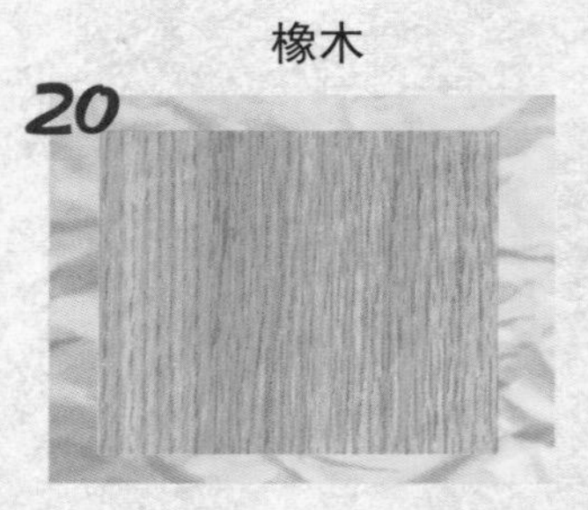

纹理自然且富有变化，质重而坚硬，具有一定韧性，可加工成弯曲状。触感舒适细腻，结构粗，耐磨损，强度较高。

桦木

21

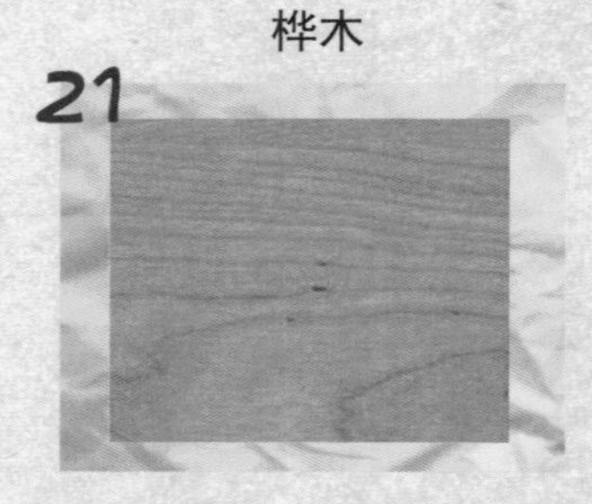

纹理较直，略带倾斜，有优美的自然光泽；弹性较好，结构均匀，质量、硬度、强度适中，干缩性较差；干燥较快，易开裂和翘曲。